中学基礎がため100%

できた！中3数学

計算・関数

計算・関数 ｜本書の特長と使い方

本シリーズは，十分な学習量による繰り返し学習を大切にしているので，
中3数学は「計算・関数」と「図形・データの活用」の2冊構成となっています。

1 例などを見て，解き方を理解	新しい解き方が出てくるところには「例」がついています。 1問目は「例」を見ながら，解き方を覚えましょう。
2 1問ごとにステップアップ	問題は1問ごとに少しずつレベルアップしていきます。 わからないときには，「例」や少し前の問題などをよく見て考えましょう。
3 答え合わせをして，考え方を確認	別冊解答には，「答えと考え方」が示してあります。 解けなかったところは「考え方」を読んで，もう一度やってみましょう。

▼ 問題ページ

新しい内容は，
例を見ながら問題を解く。

答えを直接書き込む
《書き込み式》

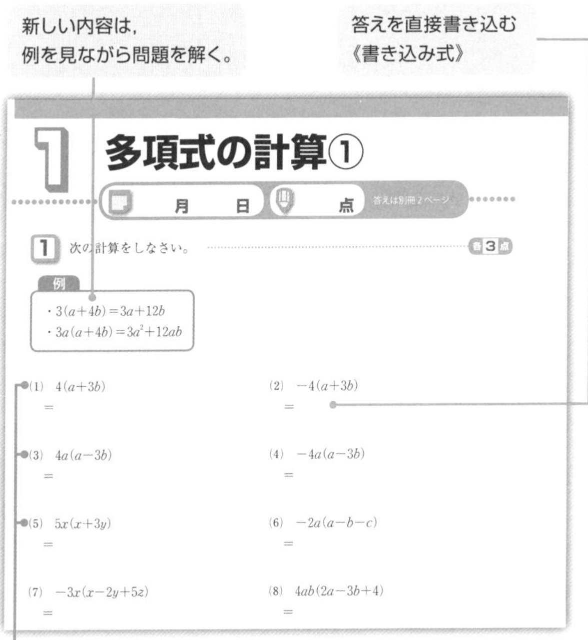

問題は1問ごと，1回ごとに少しずつステップアップ。

▼ 別冊解答

わからなかったところは別冊解答の
「答」と「考え方」を読んで直す。

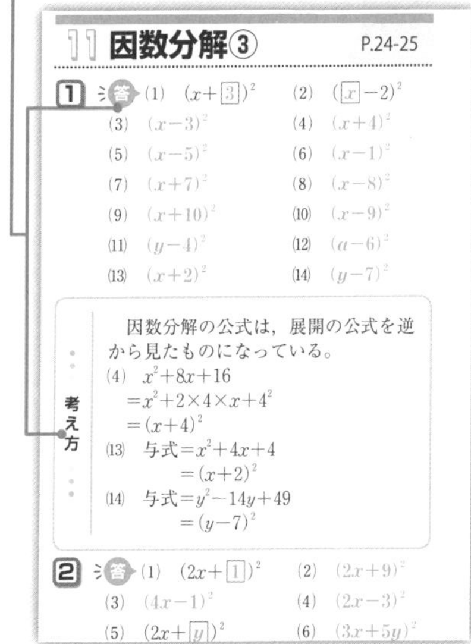

問題の途中に，下記マークが出てきます。
それぞれには，たいせつなことがらが書かれていますから役立てましょう。

- **Memo** ……… は暗記しておくべき公式など
- **ポイント** ……… はここで学習する重要なポイント
- **ヒント** ……… は問題を解くためのヒント
- **注意** ……… は間違えやすい点

＼テスト前に、4択問題で最終チェック！／

テスト前 5科4択　**4択問題アプリ「中学基礎100」**

・くもん出版アプリガイドページへ
>>> 各ストアからダウンロード

「中3数学」パスワード　3967528

＊「中学基礎100」アプリは無料ですが，ネット接続の際の通話料金は別途発生いたします。

計算・関数 

中3数学　図形・データの活用のご案内

相似な図形の性質，三角形の相似条件，三角形と相似，
相似の利用，平行線と線分の比，中点連結定理，
相似な図形の面積比・体積比，円周角，三平方の定理，
特別な辺の比の直角三角形，標本調査，中学図形の復習

『教科書との内容対応表』から，自分の教科書の部分を切りとってここにはりつけ，学習するときのページ合わせに活用してください。

1　多項式の計算①

1 次の計算をしなさい。　各3点

例

・$3(a+4b)=3a+12b$

・$3a(a+4b)=3a^2+12ab$

(1)　$4(a+3b)$

$=$

(2)　$-4(a+3b)$

$=$

(3)　$4a(a-3b)$

$=$

(4)　$-4a(a-3b)$

$=$

(5)　$5x(x+3y)$

$=$

(6)　$-2a(a-b-c)$

$=$

(7)　$-3x(x-2y+5z)$

$=$

(8)　$4ab(2a-3b+4)$

$=$

(9)　$-6ab(-a+2b-5c)$

$=$

(10)　$(2b-5)\times(-3a)$

$=-3a(2b-5)$

$=$

(11)　$(3a+4b-2)\times(-5a)$

$=$

(12)　$\frac{1}{4}a(4a-12b+8)$

$=$

(13)　$-\frac{3}{4}x(-8xy-12y)$

$=$

(14)　$24b\left(\frac{a}{2}-\frac{5b}{6}\right)$

$=$

2 次の計算をしなさい。

(1) $3(x-4)+2(x+5)$

$=$

(2) $3x(x-4)+2x(x+5)$

$=3x^2-12x+\square x^2+\square x$

$=$

(3) $3x(x-4)-2x(x+5)$

$=$

(4) $2x(x+3)-x(x-2)$

$=$

(5) $2x(x+3)-3(x+2)$

$=$

(6) $2x(x+3)-3(2x-3)$

$=$

(7) $a(a-b)+b(a-b)$

$=$

(8) $a(a-b)-b(a-b)$

$=$

(9) $2x(x+2)+3x(x-5)$

$=$

(10) $2a(3a-2b)-6a(a+b)$

$=$

(11) $5x(x-3y)+3y(5x-y)$

$=$

(12) $9a(5a+1)-4(3-a)$

$=$

(13) $\frac{1}{2}b(2a-4b)+a(a-b)$

$=$

(14) $6a\left(2a+\frac{1}{2}b\right)-4b\left(\frac{1}{2}a-\frac{1}{4}b\right)$

$=$

(15) $-2a(a+3b-2)-a(-2b+a-3)$

$=$

2 多項式の計算②

月　日　点　答えは別冊 2 ページ

1 次の計算をしなさい。 各 5 点

例

$$\frac{1}{a}(3a^2-5a)=3a-5$$

(1) $\frac{1}{a}(4a^2-7a)=$

(2) $\frac{1}{2x}(6x^2-8x)=$

(3) $\frac{1}{2a}(8a^3-12a^2+6a)$

$=$

(4) $\frac{1}{3a}(6a^3-9a)=$

(5) $-\frac{1}{5x}(10xy-15x^2)=$

(6) $-\frac{1}{2x^2}(6x^3-4x^2)=$

(7) $\frac{ab+ac}{a}=\frac{ab}{a}+\frac{ac}{a}$

$=b+\square$

(8) $\frac{a^2+ab}{a}=$

(9) $\frac{a^2+2a}{a}=$

(10) $\frac{a^2+a}{a}=\frac{a^2}{a}+\frac{a}{a}$

$=a+\square$

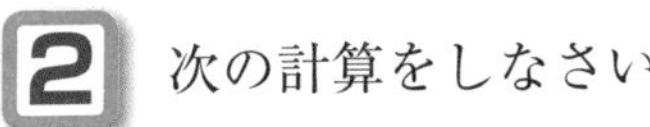

2 次の計算をしなさい。

各5点

(1) $\dfrac{ab^2-abc+ab}{ab}$

$=$

(2) $\dfrac{6x^3-2x^2+2x}{2x}$

$=$

(3) $\dfrac{ax^2+ax-a}{-a}$

$=$

(4) $\dfrac{6x^3-12x^2+9x}{-3x}$

$=$

(5) $(a^2b+ab^2)\div ab$

$=\dfrac{a^2b+ab^2}{ab}$

$=$

(6) $(ab+a)\div a$

$=$

(7) $(9ax-6ay)\div(-3a)$

$=$

(8) $(-12a^2b-21ab^2)\div(-3ab)$

$=$

(9) $(6a^3b^2-3a^2b^3)\div(-3a^2b^2)$

$=$

(10) $(15\ell^2m-12\ell m^2+6\ell m)\div(-3\ell m)$

$=$

3 多項式の計算③

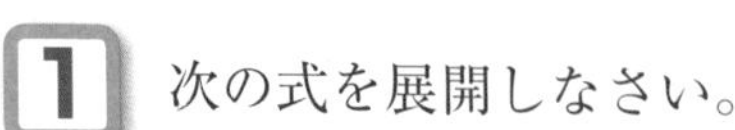

1 次の式を展開しなさい。 各5点

例

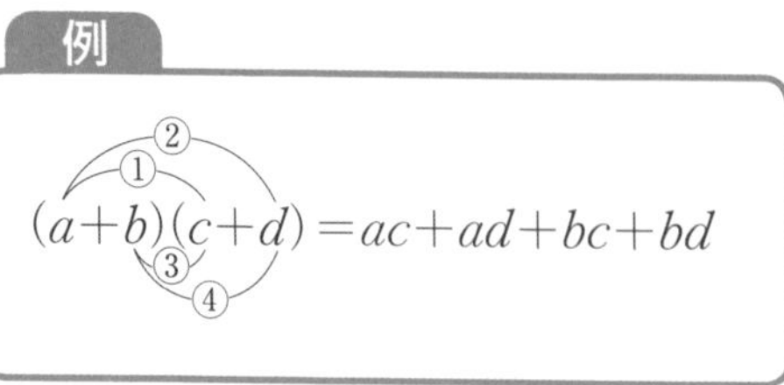

(1) $(a+b)(x+y)=ax+ay+\boxed{}+\boxed{}$

(2) $(2a+3b)(4x+3y)=8ax+6ay+12bx+\boxed{}$

(3) $(2a+3b)(3x+2y)=$

(4) $(2a-b)(3x+2y)=$

(5) $(a-b)(2x+3y)=$

(6) $(2a-3b)(4a+3x)=$

(7) $(2a-3b)(4a-3x)=$

(8) $(2a-b)(3x-2y)=$

2 次の式を展開しなさい。 

各5点

(1) $(x-5)(x+3)$

$=x^2+3x-5x-15$

$=x^2-\square x-15$

(2) $(x+5)(x-3)$

$=$

(3) $(2x-3)(x+3)$

$=$

(4) $(2x-5)(3x+2)$

$=$

(5) $(4x+7)(4x-7)$

$=$

(6) $(4x+7)(4x+7)$

$=$

(7) $(2x+5y)(x+2y)$

$=2x^2+4xy+5xy+10y^2$

$=2x^2+\square xy+10y^2$

(8) $(2x+5y)(x-2y)$

$=$

(9) $(3x-4y)(x+3y)$

$=$

(10) $(3x-4y)(x-3y)$

$=$

(11) $(x+2y)(x+2y)$

$=$

(12) $(x+3y)(x+3y)$

$=$

多項式の計算④

 月　日  点　答えは別冊3ページ

1 次の式を展開しなさい。……………………………………… 各6点

例

$(a+b)(x+y+z)$
$=ax+ay+az+bx+by+bz$

(1) $(a+b)(x+y+c)$
$=$

(2) $(a+4)(x+b+c)$
$=$

(3) $(x+4)(x^2+2x+3)$
$=x^3+2x^2+3x+4x^2+8x+12$
$=x^3+\square x^2+\square x+12$

(4) $(x-4)(x^2+2x+3)$
$=$

(5) $(2x+1)(x^2-2x+3)$
$=$

(6) $(3x+1)(x^2-2x+3)$
$=$

(7) $(2x-3)(x^2+2x+3)$
$=$

(8) $(x+5)(x-5+2x^2)$
$=$

(9) $(5-3x)(5+3x+2x^2)$
$=$

(10) $(2x-3)(-2x+x^2-3)$
$=$

注意 (3)〜(10)の答えは，xの次数の高い項から順に並べると，見やすくなるよ。

2 次の計算をしなさい。

(1) $3x(x+2)-(x+5)(2x-1)=$

(2) $2x(3x-1)-(3x+1)(x+4)=$

(3) $(2x-5)(3x+1)-(x-3)(x-4)=$

(4) $(3x-1)(x+6)+(x-2y)(x+2y)=$

(5) $(3x-2)(2x-2)-(x+3)(x-4)=$

(6) $(2x+3)(x+4)+x(x+10)=$

(7) $(3x+2)(x-4)+(2x-5)(2x+3)=$

(8) $(2x-5)(x+3)-(3x-y)(3x+y)=$

1 乗法公式を使って，次の式を展開しなさい。 各3点

乗法公式

- $(a+b)^2=a^2+2ab+b^2$
- $(a-b)^2=a^2-2ab+b^2$

(1) $(x+5)^2=x^2+10x+\square$

(2) $(x+7)^2=x^2+\square x+49$

(3) $(x+3)^2=$

(4) $(x+8)^2=$

(5) $(a+x)^2=$

(6) $(x+3y)^2=$

(7) $(3x+2)^2=$

(8) $(3x+5y)^2=$

(9) $(x-5)^2=x^2-10x+\square$

(10) $(x-4)^2=$

(11) $(x-7)^2=$

(12) $(x-9)^2=$

(13) $(2x-3)^2=$

(14) $(x-2y)^2=$

(15) $(2x-3y)^2=$

(16) $(3x-4y)^2=$

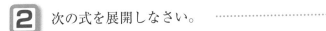

2 次の式を展開しなさい。

各4点

(1) $(x-3)^2=$

(2) $(3-x)^2=$

(3) $(-x+3)^2=$

(4) $(-3+x)^2=$

(5) $(-x-5)^2=$

(6) $(3x+4y)^2=$

(7) $\left(\frac{x}{2}+\frac{y}{3}\right)^2=\left(\frac{x}{2}\right)^2+2\times\frac{x}{2}\times\frac{y}{3}+\left(\frac{y}{3}\right)^2=$

(8) $\left(\frac{x}{2}-\frac{y}{6}\right)^2=$

(9) $\left(x-\frac{y}{2}\right)^2=$

(10) $\left(\frac{2}{3}x-\frac{1}{2}y\right)^2=$

(11) $\left(xy+\frac{1}{3}\right)^2=$

(12) $-3(2x-5)^2=-3\left(4x^2-20x+\square\right)=-12x^2+60x-\square$

(13) $-3(4x-3y)^2=$

6 多項式の計算⑥

月　日　点　答えは別冊4ページ

1 乗法公式を使って，次の式を展開しなさい。　各3点

乗法公式

$(a+b)(a-b)=a^2-b^2$

(1) $(x+5)(x-5)=$

(2) $(2x+3y)(2x-3y)=\square-9y^2$

(3) $(x+y)(x-y)=$

(4) $(2x+3)(2x-3)=$

(5) $(x+2y)(x-2y)=$

(6) $(2-a)(2+a)=$

(7) $(5x-6y)(5x+6y)=$

(8) $(xy-1)(xy+1)=$

(9) $(a-6b)(a+6b)=$

(10) $\left(x+\frac{1}{3}\right)\left(x-\frac{1}{3}\right)=$

(11) $\left(x+\frac{2}{3}y\right)\left(x-\frac{2}{3}y\right)=$

(12) $\left(\frac{2}{3}a-b\right)\left(\frac{2}{3}a+b\right)=$

(13) $(-x-2)(-x+2)=$

(14) $2(4x-3)(4x+3)=$

2 乗法公式を使って，次の式を展開しなさい。 ……(1)～(14) 各3点 (15)～(18) 各4点

乗法公式

$$(x+a)(x+b)=x^2+(a+b)x+ab$$

(1) $(x+3)(x+5)=x^2+8x+\square$

(2) $(x+7)(x-2)=x^2+5x-\square$

(3) $(x+2)(x-5)=x^2-\square x-10$

(4) $(x-3)(x-7)=x^2-\square x+21$

(5) $(x+3)(x+8)=$

(6) $(x+6)(x-2)=$

(7) $(x-5)(x+1)=$

(8) $(x-3)(x-5)=$

(9) $(x+1)(x+7)=$

(10) $(x-3)(x+7)=$

(11) $(x+4)(x-6)=$

(12) $(x-2)(x-7)=$

(13) $(a+4)(a+5)=$

(14) $(a-1)(a+4)=$

(15) $(a-3)(a-1)=$

(16) $(a-3)(a-4)=$

(17) $2(x+2)(x-3)=2\left(x^2-\square-6\right)=$

(18) $-3(x-3)(x-4)=$

7 多項式の計算⑦

答えは別冊4ページ

1 次の計算をしなさい。 各6点

(1) $(x+3)^2+2(x+1)=$

(2) $2(x-2)^2+5(x-1)=$

(3) $(x+2)(x-2)+2(x+4)=$

(4) $(x+3)(x-3)-3(x+1)=$

(5) $(x+5)(x-3)-2(2x-3)=$

(6) $2(x-2)(x+7)+4(3x+1)=$

2 次の計算をしなさい。

各8点

(1) $(x+5)^2+(x+3)(x-3)=x^2+10x+25+x^2-\boxed{}$

$=$

(2) $(x+3)(x+2)+(x-5)^2=$

(3) $(x+4)(x-4)+(x-4)^2=$

(4) $(x-3)(x+5)-(x+1)^2=$

(5) $(x+6)(x-6)-(x+9)(x-4)=$

(6) $(3x-y)^2+5(x+y)(x-y)=$

(7) $4(x-3y)(x+3y)+(2x-y)^2=$

(8) $(2x+5)(2x-5)+4(x-2)^2=$

多項式の計算のまとめ

月　日　点　答えは別冊 5 ページ

1 次の計算をしなさい。 各4点

(1) $2a(a-b-c)$

$=$

(2) $2a(3a-2b)-5a(a+b)$

$=$

(3) $\dfrac{3}{4}a(4a+12b+8)$

$=$

(4) $\dfrac{6x^3-9x^2-12x}{-3x}$

$=$

2 次の計算をしなさい。 各4点

(1) $(2a+3b)(3x+2y)$

$=$

(2) $(2x-5y)(3x-4y)$

$=$

(3) $(x-4)(x^2+2x+1)$

$=$

(4) $(2x+5)(-3x+x^2+1)$

$=$

(5) $2x(x+3)-(x+5)(2x-1)$

$=$

(6) $(3x+1)(x+5)-(2x-1)(x+3)$

$=$

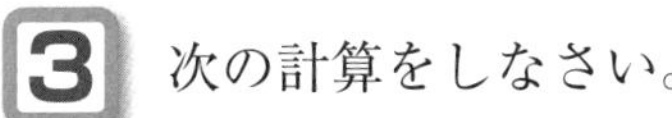

3 次の計算をしなさい。

(1) $(x-5)^2$

$=$

(2) $(2x+3)(2x-3)$

$=$

(3) $2(3x+4)(3x-4)$

$=$

(4) $-4(3x-2y)^2$

$=$

(5) $\left(\frac{1}{2}x-3\right)^2$

$=$

(6) $\left(\frac{2}{3}x+\frac{1}{2}y\right)\left(\frac{2}{3}x-\frac{1}{2}y\right)$

$=$

(7) $(x-3)(x+7)$

$=$

(8) $(a+4)(a-6)$

$=$

(9) $2(x+1)(x-3)$

$=$

(10) $-3(x-2)(x-6)$

$=$

(11) $(x+5)(x-5)-(x+4)(x-9)$

$=$

(12) $3(x+3)^2-2(2x+3)(2x-3)$

$=$

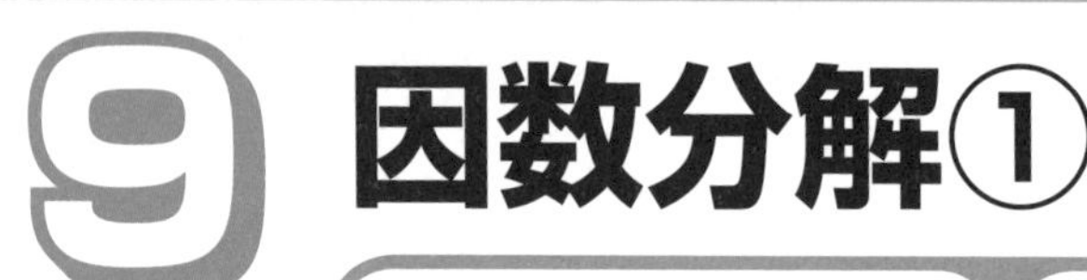

9 因数分解①

月　日　点　答えは別冊5ページ

1 次の式を因数分解しなさい。　各4点

例

- $ax+ay=a(x+y)$
- $3x^2+12x=3x(x+4)$

注意　多項式をいくつかの因数の積として表すことを，因数分解するという。

(1) $xy+xz=x(y+\square)$

(2) $5x-xy=x(5-\square)$

(3) $2xy-8x=$

(4) $ax-bx=$

(5) a^2x+a^3y
$=a^2(\square+\square)$

(6) ax^7+bx^5
$=$

(7) $5x^5-10x$
$=5x(\square-\square)$

(8) x^3y+x^2y
$=x^2y(\square+\square)$

(9) $2ax+2x$
$=$

(10) $4abx-4bx$
$=$

(11) $3xy-y^2$
$=$

(12) $5x^2y-10xy^2$
$=$

2 次の式を因数分解しなさい。

(1) $6x^3+3x=$

(2) $x^3+x^2=$

(3) $ax-ay+az=a(\square-\square+\square)$

(4) $2ax-3ay-az=$

(5) $-8xy-4xz=-4x(\square+\square)$

(6) $-5x^2-15xy-10xz=$

(7) $-3x^2+9xy-2xz=$

(8) $5ax^2-35ay^2+45az^2=$

(9) $-36ax^2+60ay^2+84az^2=$

(10) $x^2y+xy^2+xy=$

(11) $x^3+x^2+x=$

(12) $-x^2y^5z^8-3xy^2z^6+2x^5y^4z^3=$

10 因数分解②

答えは別冊 6 ページ

1 公式を使って，次の式を因数分解しなさい。 …………………… 各 **5** 点

公式

$$x^2+(a+b)x+ab=(x+a)(x+b)$$

(1) $x^2+5x+6=(x+2)\left(x+\square\right)$

(2) $x^2+6x+8=(x+2)\left(x+\square\right)$

(3) $x^2+7x+10=\left(x+\square\right)\left(x+\square\right)$

(1)では，2 つの数の積が 6 になる数の組のうち，和が 5 になるものをみつけよう。

(4) $x^2+8x+15=$

(5) $x^2+10x+21=$

(6) $x^2-5x+6=(x-2)\left(x-\square\right)$

(7) $x^2-6x+8=$

(8) $x^2-7x+10=$

(9) $x^2-8x+15=$

(10) $x^2-10x+21=$

2 次の式を因数分解しなさい。 

(1) $x^2+x-6=(x-2)\left(x+\boxed{}\right)$

(1)では，2つの数の積が－6になる数の組1と－6，－1と6，2と－3，－2と3のうち，和が1になるものは?

(2) $x^2+2x-8=$

(3) $x^2+3x-10=$

(4) $x^2+2x-15=$

(5) $x^2+x-56=$

(6) $x^2-x-6=(x+2)\left(x-\boxed{}\right)$

(7) $x^2-2x-8=$

(8) $x^2-3x-10=$

(9) $x^2-2x-15=$

(10) $x^2-x-56=$

11 因数分解③

答えは別冊6ページ

1 公式を使って，次の式を因数分解しなさい。 各3点

公式

・$a^2+2ab+b^2=(a+b)^2$
・$a^2-2ab+b^2=(a-b)^2$

(1) $x^2+6x+9=(x+\square)^2$

(2) $x^2-4x+4=(\square-2)^2$

(3) $x^2-6x+9=$

(4) $x^2+8x+16=$

(5) $x^2-10x+25=$

(6) $x^2-2x+1=$

(7) $x^2+14x+49=$

(8) $x^2-16x+64=$

(9) $x^2+20x+100=$

(10) $x^2-18x+81=$

(11) $y^2-8y+16=$

(12) $a^2-12a+36=$

(13) $4x+x^2+4=$

(14) $49-14y+y^2=$

2 次の式を因数分解しなさい。

(1) $4x^2+4x+1=\left(2x+\square\right)^2$

(2) $4x^2+36x+81=$

(3) $16x^2-8x+1=$

(4) $4x^2-12x+9=$

(5) $4x^2+4xy+y^2=\left(2x+\square\right)^2$

(6) $9x^2+30xy+25y^2=$

(7) $4x^2-12xy+9y^2=$

(8) $16x^2-40xy+25y^2=$

(9) $25x^2-20xy+4y^2=$

(10) $x^2y^2-12xy+36=$

(11) $x^2+\dfrac{2}{3}x+\dfrac{1}{9}=$

(12) $9x^2+3x+\dfrac{1}{4}=$

3 次の□にあてはまる数を書き入れなさい。

(1) $x^2+\square x+9=\left(x+\square\right)^2$

(2) $x^2-6x+\square=\left(x-\square\right)^2$

(3) $4x^2+\square x+1=\left(\square x+1\right)^2$

(4) $16x^2+24ax+\square a^2=\left(\square x+3a\right)^2$

12 因数分解④

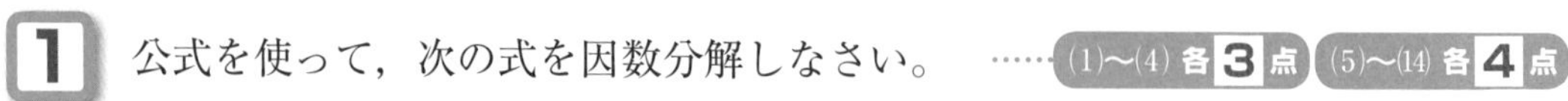

月　日　点　答えは別冊 7 ページ

1 公式を使って，次の式を因数分解しなさい。……(1)〜(4) 各 **3** 点 (5)〜(14) 各 **4** 点

公式

$a^2-b^2=(a+b)(a-b)$

(1) $x^2-25=(x+5)(x-\square)$

(2) $x^2-16=$

(3) $4x^2-25=(2x+5)(2x-\square)$

(4) $9x^2-25=$

(5) $16x^2-25y^2=$

(6) $x^2-81y^2=$

(7) $4x^2-25y^2=$

(8) $4x^2-49y^2=$

(9) $x^2y^2-16=$

(10) $9-4x^2y^2=$

(11) $9x^2y^2-121=$

(12) $9x^2y^2-1=$

(13) $x^2y^2-4z^2=$

(14) $x^2y^2-16a^2=$

2 次の式を因数分解しなさい。 各4点

(1) ax^2-4a

$=a\left(x^2-\square\right)$

$=a(x+2)\left(x-\square\right)$

(2) $2x^2-50$

$=$

(3) $2x^2-72$

$=$

(4) $3x^2-75$

$=$

(5) $12x^2-3y^2$

$=$

(6) ax^2-49ay^2

$=a(x^2-49y^2)$

$=$

(7) $3axy^2-27ax$

$=$

(8) $9x^2y^2-4y^2$

$=$

(9) $x^3y^2-xz^2$

$=x(x^2y^2-z^2)$

$=$

(10) $3x^3y^2-12xz^2$

$=$

(11) x^3y-xy^3

$=$

(12) x^3yz-xy^3z

$=$

13 因数分解⑤

月　日　点　答えは別冊7ページ

1 次の式を因数分解しなさい。　各4点

例

・$3x^2-18x+27$
$=3(x^2-6x+9)$
$=3(x-3)^2$

・$8x^2+8x+2$
$=2(4x^2+4x+1)$
$=2(2x+1)^2$

(1) $3x^2+12x+12$
$=$

(2) $2x^2-20x+50$
$=$

(3) $5x^2-10x+5$
$=$

(4) $4x^2-48x+144$
$=$

(5) $32x^2-16x+2$
$=$

(6) $12x^2-36x+27$
$=$

(7) $8x^2-72x+162$
$=$

(8) $5x^2+20xy+20y^2$
$=$

(9) $8x^2-24xy+18y^2$
$=$

(10) $12x^2+36ax+27a^2$
$=$

2 次の式を因数分解しなさい。

例

$-20abx^2+20a^2bx-5a^3b$
$=-5ab(4x^2-4ax+a^2)$
$=-5ab(2x-a)^2$

(1) $50ax^2-40axy+8ay^2$
$=2a\left(25x^2-\square xy+\square y^2\right)$
$=$

(2) x^3-10x^2+25x
$=$

(3) $ax^2-2axy+ay^2$
$=$

(4) $36abx^2+48abxy+16aby^2$
$=$

(5) $2a^2x+12abx+18b^2x$
$=$

(6) $a^3x^2-2a^3xy+a^3y^2$
$=$

(7) $-3x^2-12xy-12y^2$
$=-3\left(x^2+\square xy+\square y^2\right)$
$=$

(8) $-x^2+2xy-y^2$
$=-\left(x^2-\square+\square\right)$
$=$

(9) $-a^2+6ax-9x^2$
$=$

(10) $-20x^2-20xy-5y^2$
$=$

(11) $2xy-x^2-y^2$
$=$

(12) $4xy-4x^2-y^2$
$=$

14 因数分解⑥

月　日　点　答えは別冊 8 ページ

1 次の式を因数分解しなさい。 各4点

(1) $x^2+11x+28=$

(2) $x^2-3x-28=$

(3) $x^2+3x-28=$

(4) $x^2-11x+28=$

(5) $x^2+13x+36=$

(6) $x^2-x-30=$

(7) $x^2+29x+28=$

(8) $x^2-29x+28=$

(9) $x^2+27x-28=$

(10) $x^2-27x-28=$

2 次の式を因数分解しなさい。 各5点

(1) $2x^2-28x+80=2(x^2-14x+40)$
$=$

(2) $3x^2+15x+12=$

(3) $ax^2+4ax-12a=$

(4) $6x+2x^2-20=$

(5) $2x^2-6x-80=$

(6) $3x^2-33x+72=$

(7) $-2x^2-2x+4=-2\left(x^2+x-\boxed{}\right)$
$=$

(8) $-3ax^2+9ax+12a=$

(9) $26x-2x^2-44=$

(10) $-12x+36-3x^2=$

(11) $26x-2x^2-24=$

(12) $28-x^2-3x=$

15 因数分解のまとめ

月　日　点

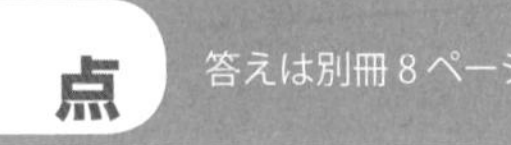

1 次の式を因数分解しなさい。 各5点

(1) $3ax-9bx$
$=$

(2) $-5a^2-15b^2-10c^2$
$=$

(3) $-6ax^2-18ay^2+30az^2$
$=$

(4) x^3y-x^2y
$=$

(5) x^2-6x+9
$=$

(6) $x^2+16x+64$
$=$

(7) $4x^2-25$
$=$

(8) $x^2y^2-9z^2$
$=$

(9) $x^2+15x+56$
$=$

(10) x^2-x-12
$=$

(11) $x^2+7x+10$
$=$

(12) $x^2-10x+9$
$=$

2 次の式を因数分解しなさい。 

(1) $3x^2-15x+18=$

(2) $-2x^2-4xy-2y^2=$

(3) $3x^2-75=$

(4) $4ax^2-24ax+32a=$

(5) $2x^2y^2-8z^2=$

(6) $2x^2+14x+20=$

(7) $-3x^2+33x-84=$

(8) $4x^3+24x^2+36x=$

16 式の計算の利用

月　日　点　答えは別冊9ページ

1 例にならって，くふうして次の計算をしなさい。 各5点

例

・$48^2=(50-2)^2$
$=50^2-2\times50\times2+2^2$
$=2304$

・$67\times73=(70-3)(70+3)$
$=70^2-3^2$
$=4891$

(1) $98^2=$

(2) $102^2=$

(3) $51\times49=$

(4) $92\times88=$

(5) $28^2-22^2=(28+22)\left(28-\square\right)$
$=$

(6) $45^2-35^2=$

2 因数分解を利用して，次の式の値を求めなさい。 各10点

(1) $x=98$ のとき，x^2+4x+4 の値

［　　　］

(2) $x=6.75$，$y=3.25$ のとき，x^2-y^2 の値

［　　　］

3 連続する2つの整数では，大きいほうの数の2乗から小さいほうの数の2乗をひいた差は，はじめの2つの数の和に等しくなる。このことを証明しなさい。 **10点**

（証明） 大きいほうの整数を n とすると，小さいほうの整数は $n-1$ と表される。

$n^2-(\square)^2$

$=$

4 連続する2つの奇数（きすう）の積に1を加えた数は，偶数（ぐうすう）の2乗になる。このことを証明しなさい。 **10点**

（証明） 連続する2つの奇数は，n を整数とすると，$2n-1$，$2n+\square$ と表される。

5 大小2つの正方形があり，大きい正方形の1辺は $(x+3)$cm，小さい正方形の1辺は $(x-3)$cm である。大きい正方形の面積から小さい正方形の面積をひいた差は何 cm^2 か求めなさい。 **15点**

［　　　　　　］

6 連続する2つの奇数を2乗した数の差は，8の倍数になることを証明しなさい。 **15点**

（証明）

17 多項式と因数分解のまとめ

月　日　点　答えは別冊 9 ページ

1 次の計算をしなさい。　各3点

(1) $5x(x-7y)$

$=$

(2) $(-12ab^2-21a^2b)\div 3ab$

$=$

(3) $\dfrac{6x^3-9x^2-12x}{3x}$

$=$

(4) $-\dfrac{2}{5x}(15xy-10x^2)$

$=$

2 次の計算をしなさい。　各3点

(1) $(x+9)^2$

$=$

(2) $(x-2)(x+2)$

$=$

(3) $\left(x-\dfrac{1}{5}\right)^2$

$=$

(4) $(3a+4b)(3a-4b)$

$=$

(5) $(a+b)(a-b-c)$

$=$

(6) $-2(a-3b)^2$

$=$

(7) $-3(x-5)(x-7)$

$=$

(8) $3(2x-3)(2x+3)$

$=$

(9) $(2x-3)(x^2+2x-2)$

$=$

(10) $(x+3)^2+(x+5)(x-5)$

$=$

3 次の式を因数分解しなさい。

各4点

(1) $4ax-16bx$

$=$

(2) $6x^2y-9xy-12xy^2$

$=$

(3) $x^2+5x-14$

$=$

(4) $x^2-8x+16$

$=$

(5) $x^2+16x+64$

$=$

(6) x^2-81

$=$

(7) $x^2-14x+45$

$=$

(8) $18a^2-8b^2$

$=$

(9) $y^2-12xy+27x^2$

$=$

(10) $3x^2-27x-30$

$=$

4 くふうして次の計算をしなさい。

各6点

(1) $3.4\times2.6=$

(2) $73^2-27^2=$

5 $a=\frac{1}{2}$，$b=-3$ のとき，$a(a+2b)-b(2a+b)$ の値を求めなさい。

6点

[　　　　　]

18 平方根①

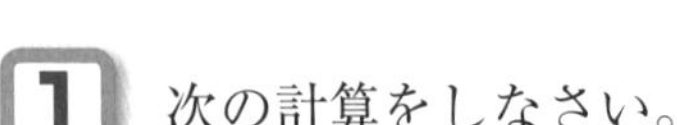

答えは別冊10ページ

1 次の計算をしなさい。 各3点

(1) $5^2=$

(2) $8^2=$

(3) $(-7)^2=$

(4) $(-9)^2=$

(5) $\left(\frac{1}{2}\right)^2=$

(6) $\left(-\frac{4}{5}\right)^2=$

(7) $(-0.2)^2=$

(8) $(-0.6)^2=$

(9) $11^2=$

(10) $13^2=$

●平方根

2乗して81になる数は9と−9の2つあり，これらを81の平方根という。
$\sqrt{81}$ は81の平方根のうち，正のほうを表す。$\sqrt{81}=9$，$-\sqrt{81}=-9$
$\sqrt{\ }$ を根号といい，$\sqrt{25}$ は「ルート25」と読む。

2 次の数の平方根を答えなさい。 各4点

(1) 25

[と]

(2) 49

[と]

(3) $\frac{16}{25}$

[と]

(4) 0.09

[と]

3 次の数の平方根を，$\sqrt{}$ を使って表しなさい。 …… 各4点

(1) 3

［　　　と　　　］

(2) 5

［　　　と　　　］

(3) 11

［　　　と　　　］

(4) 0.3

［　　　と　　　］

(5) 1.7

［　　　と　　　］

(6) $\frac{5}{7}$

［　　　と　　　］

4 例にならって，次の数を $\sqrt{}$ を使わずに表しなさい。 …… 各3点

例

25の平方根は，$\sqrt{25}$，$-\sqrt{25}$ と表すことができる。25の平方根のうち，正のほうは5，負のほうは-5であるから，

$\sqrt{25}=5$，$-\sqrt{25}=-5$

(1) $\sqrt{64}=$

(2) $-\sqrt{16}=$

(3) $\sqrt{49}=$

(4) $\sqrt{81}=$

(5) $-\sqrt{121}=$

(6) $\sqrt{169}=$

(7) $-\sqrt{\frac{9}{16}}=$

(8) $\sqrt{\frac{4}{49}}=$

(9) $\sqrt{0.04}=$

(10) $-\sqrt{0.36}=$

19 平方根②

1 次の数を，$\sqrt{}$ を使わずに表しなさい。 各2点

(1) $\sqrt{16}=$

(2) $\sqrt{49}=$

(3) $\sqrt{81}=$

(4) $\sqrt{4}=$

(5) $\sqrt{1}=$

(6) $\sqrt{0}=$

(7) $\sqrt{100}=$

(8) $\sqrt{121}=$

(9) $-\sqrt{9}=$

(10) $-\sqrt{36}=$

(11) $-\sqrt{64}=$

(12) $-\sqrt{144}=$

(13) $\sqrt{0.09}=$

(14) $\sqrt{0.16}=$

(15) $\sqrt{0.01}=$

(16) $\sqrt{0.64}=$

(17) $-\sqrt{0.81}=$

(18) $-\sqrt{0.36}=$

(19) $-\sqrt{1.21}=$

(20) $-\sqrt{1.69}=$

2 次の数を，$\sqrt{}$ を使わずに表しなさい。

(1) $\sqrt{\dfrac{9}{64}}=$

(2) $\sqrt{\dfrac{25}{49}}=$

(3) $\sqrt{\dfrac{1}{4}}=$

(4) $\sqrt{\dfrac{1}{16}}=$

(5) $-\sqrt{\dfrac{4}{49}}=$

(6) $-\sqrt{\dfrac{25}{64}}=$

(7) $\sqrt{\dfrac{49}{121}}=$

(8) $-\sqrt{\dfrac{1}{144}}=$

3 例にならい，次の数のうち，$\sqrt{}$ を使わずに表すことができるものにはその値を，$\sqrt{}$ を使わずに表すことができないものには×を書きなさい。 …各4点

例

$\sqrt{16}=4$

$\sqrt{17}=$ ×

(1) $\sqrt{25}=$

(2) $\sqrt{4}=$

(3) $\sqrt{250}=$

(4) $\sqrt{0.4}=$

(5) $\sqrt{400}=$

(6) $\sqrt{36}=$

(7) $\sqrt{3.6}=$

(8) $\sqrt{0.36}=$

20 平方根③

答えは別冊11ページ

1 次の計算をしなさい。 

(1) $2^2=$

(2) $(\sqrt{4})^2=$

(3) $(\sqrt{25})^2=$

(4) $(\sqrt{2})^2=$

(5) $(\sqrt{0.2})^2=$

(6) $(\sqrt{3\times5})^2=$

(7) $(-\sqrt{2})^2=(-\sqrt{2})\times(-\sqrt{2})$
$=$

(8) $(-\sqrt{15})^2=$

2 次の各組の数の大小を，不等号を使って表しなさい。 

例

$\sqrt{3}$，2
〔解〕 $(\sqrt{3})^2=3$，$2^2=4$ で，
$3<4$ だから，$\sqrt{3}<2$

(1) 1，$\sqrt{2}$

(2) 4，$\sqrt{15}$

［　　　　］　　［　　　　］

3 次の各組の数の大小を，不等号を使って表しなさい。

(1)　5，$\sqrt{26}$

(2)　13，$\sqrt{167}$

(3)　$\sqrt{\frac{3}{4}}$，$\frac{1}{3}$

(4)　$\sqrt{0.5}$，0.5

4 次の数を，大きいほうから順に書きなさい。

(1)　3，$\sqrt{3}$，6，$\sqrt{6}$，$\sqrt{10}$，4，$\sqrt{26}$，$\sqrt{35}$

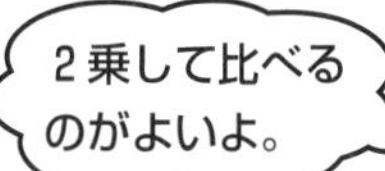

(2)　0.4，$\sqrt{0.09}$，$\frac{3}{8}$，$\sqrt{0.2}$，$\sqrt{0.05}$，$\frac{2}{3}$

21 平方根④

月　日　　点　答えは別冊11ページ

1 $\sqrt{2}$のおよその値を，次のようにして求めた。□にあてはまる数を書き入れなさい。 各3点

$1^2=1$，$2^2=$□だから，$1<\sqrt{2}<$□

$1.4^2=$□，$1.5^2=2.25$ だから，□$<\sqrt{2}<1.5$

$1.41^2=1.9881$，$1.42^2=2.0164$ だから，□$<\sqrt{2}<$□

以上より，$\sqrt{2}$の小数第１位の数は□，小数第２位の数は□である。

2 $1.411^2=1.990921$，$1.412^2=1.993744$，$1.413^2=1.996569$，$1.414^2=1.999396$，$1.415^2=2.002225$ である。このことを利用して，$\sqrt{2}$の値を小数第３位まで求めなさい。 6点

[　　　　]

3 次の数のうち，$\sqrt{2}$より大きいものには**大**を，小さいものには**小**を，[　]の中に書きなさい。 各5点

(1) $\frac{3}{2}$

[　　　　]

(2) $\frac{7}{5}$

[　　　　]

(3) $\frac{17}{12}$

[　　　　]

(4) $\frac{41}{29}$

[　　　　]

4 次の数のうち，$\sqrt{3}$ より大きいものには**大**を，小さいものには**小**を，[　　]の中に書きなさい。 各5点

(1) $\frac{5}{4}$

[　　　　]

(2) $\frac{9}{5}$

[　　　　]

(3) $\frac{19}{11}$

[　　　　]

(4) $\frac{49}{26}$

[　　　　]

5 次の値を，小数第1位まで求めなさい。 各6点

(1) $\sqrt{10}$

〔解〕 $3.1^2=$ □，$3.2^2=$ □ だから，$3.1<\sqrt{10}<3.2$

[　　　　]

(2) $\sqrt{5}$

〔解〕 $2.2^2=$ □，$2.3^2=$ □

[　　　　]

(3) $\sqrt{7}$

〔解〕 $2.6^2=$ □，$2.7^2=$ □

[　　　　]

(4) $\sqrt{3}$

〔解〕 $1.7^2=$ □，$1.8^2=$ □

[　　　　]

(5) $\sqrt{41}$

〔解〕 $6.4^2=$ □，$6.5^2=$ □

[　　　　]

22 有理数と無理数

答えは別冊12 ページ

1 次の数のうち，無理数であるものをすべて答えなさい。 …………… 各7点

(1) $\frac{1}{2}$, 0, $\sqrt{5}$, $-\frac{2}{3}$, π, $\sqrt{4}$, $-\frac{\sqrt{3}}{2}$, -13

[ ]

(2) 2.57, $-\frac{9}{4}$, $\sqrt{19}$, 30.17, $-\sqrt{33}$, $-2\frac{1}{7}$, $-\frac{\sqrt{25}}{3}$, $\sqrt{169}$

[ ]

ポイント

有理数…分数で表すことのできる数。すなわち，aを整数，bを0でない整数としたとき，$\frac{a}{b}$の形で表すことができる数である。整数は$\frac{a}{1}$で表せるので，有理数である。

無理数…分数で表すことのできない数。$\sqrt{2}$や円周率πは，分数で表せないことがわかっている。

2 次の問いに答えなさい。 …………… (1)，(2) 各5点

(1) 下の数直線上の点A，B，C，Dは，2.5，$-\frac{3}{4}$，$\sqrt{3}$，$-\sqrt{16}$のどれかと対応している。これらの点に対応する数を答えなさい。

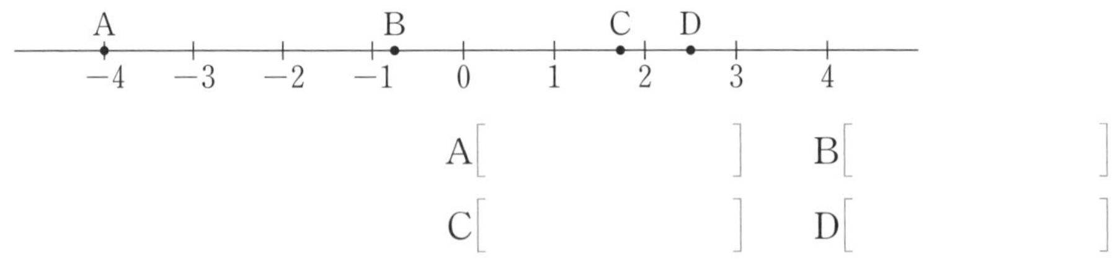

A[ ] B[ ]

C[ ] D[ ]

(2) 下の数直線上に，-1.5，$\frac{7}{2}$，$\sqrt{2}$，$-\sqrt{9}$を表す点を，それぞれ・でかきなさい。

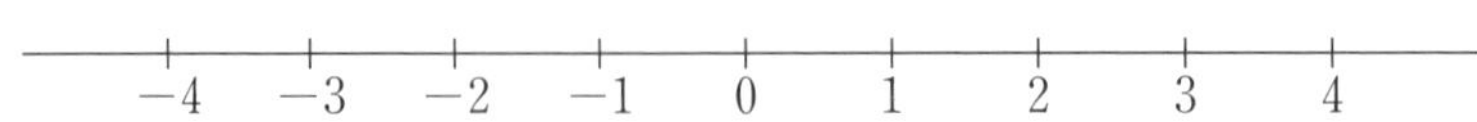

Memo 覚えておこう

●0.5や1.27のように，終わりのある小数を有限小数という。
●限りなく続く小数を無限小数といい，0.3333…や0.272727…のように，同じ数字の並びが限りなくくり返される小数を循環（じゅんかん）小数という。無理数は循環しない無限小数である。

3 次の数を小数で表したとき，次の問いに答えなさい。 …………各6点

$\frac{2}{3}$，$-\frac{1}{5}$，$\sqrt{3}$，$\frac{4}{7}$，$\frac{3}{2}$，$\frac{\sqrt{5}}{8}$

(1) 有限小数になるものをすべて答えなさい。 [　　　　]

(2) 循環小数になるものをすべて答えなさい。 [　　　　]

(3) 循環しない無限小数になるものをすべて答えなさい。 [　　　　]

4 例にならって，次の循環小数を，記号・をつけて表しなさい。 …………各7点

例

$0.3333\cdots\cdots = 0.\dot{3}$
$0.272727\cdots\cdots = 0.\dot{2}\dot{7}$
$0.186186\cdots\cdots = 0.\dot{1}8\dot{6}$

Memo 覚えておこう

循環小数は，例のように，くり返す部分の最初と最後に・をつけて表すことがある。

(1) $0.6666\cdots\cdots$
$=$

(2) $0.145145145\cdots\cdots$
$=$

(3) $0.857142857142\cdots\cdots$
$=$

(4) $0.18888\cdots\cdots$
$=$

ポイント

有限小数…$0.4\left(=\frac{2}{5}\right)$など ⎫
無限小数 ⎧ 循環小数…$1.\dot{3}\left(=\frac{4}{3}\right)$など ⎭ ⇒有理数（分数で表せる数）
　　　　 ⎩ 循環しない無限小数…$\sqrt{2}$，$-\sqrt{3}$，πなど⇒無理数（分数で表せない数）

23 近似値

1 ある物体の重さを最小の目盛りが10gであるはかりではかったら，1450gであった。この測定値の千，百，十の位の1，4，5は信頼(しんらい)できるが，一の位の0は信頼できない。そこで，信頼できる数字をはっきりさせるために，この測定値を，1.45×10^{3}gと表した。次の問いに答えなさい。 各6点

(1) 同じはかりで別の物体の重さをはかったら，2310gであった。この測定値を上の例にならって，(整数部分が1けたの小数)×(10の累乗(るいじょう))の形で表しなさい。

[　　　　]

(2) ある物体の重さを最小の目盛りが100gであるはかりではかったら，2400gであった。この測定値を(整数部分が1けたの小数)×(10の累乗)の形で表しなさい。

[　　　　]

Memo 覚えておこう

- **長さや重さなど，測定によって得られた値を測定値という。**
- **測定値は真の値ではなく，それに近い近似値(きんじち)である。$\sqrt{2}$のおよその値1.41や，円周率として用いる3.14は近似値である。**
- **近似値から真の値をひいた差を誤差(ごさ)という。**
- **近似値を表す数のうち，上の問題文の1，4，5のように信頼できる数字を有効数字という。**

2 次の測定値が〔　〕内の有効数字のけた数であるとき，(整数部分が1けたの小数)×(10の累乗)の形で表しなさい。 各6点

例

2000m〔有効数字2けた〕　[2.0×10^{3}m]

(1) 16700km〔有効数字3けた〕 [　　　　]

(2) 18000g〔有効数字2けた〕 [　　　　]

(3) 30000km〔有効数字2けた〕 [　　　　]

ポイント

有効数字をはっきりさせた書き方…(整数部分が1けたの小数)×(10の累乗)

3 小数第１位を四捨五入して15になる数について，次の問いに答えなさい。

［ ］，□ 各7点

⑴ 次の数のうち，小数第１位を四捨五入して15になる数をすべて答えなさい。

14.1　14.49　14.5　14.9　15.0

15.2　15.4　15.49　15.5　15.8

［　　　　］

⑵ 小数第１位を四捨五入して15になる数を a とすると，a の値の範囲は不等式で表すことができる。□にあてはまる数を書き入れなさい。

□ $\leqq a <$ □

4 小数第２位を四捨五入して8.3になる数について，次の問いに答えなさい。

［ ］，□ 各7点

⑴ 次の数のうち，小数第２位を四捨五入して8.3になる数をすべて答えなさい。

8.36　8.350　8.349　8.335

8.30　8.254　8.249　8.23

［　　　　］

⑵ 小数第２位を四捨五入して8.3になる数を a とすると，a の値の範囲は不等式で表すことができる。□にあてはまる数を書き入れなさい。

□ $\leqq a <$ □

5 ある物体の長さを最小の目盛りが10mmのものさしではかったら，測定値は480mmであった。次の問いに答えなさい。

［ ］，□ 各7点

⑴ この測定値の有効数字のけた数を求めなさい。

［　　　　］

⑵ この測定値の有効数字がわかるように，(整数部分が１けたの小数)×(10の累乗)の形で表しなさい。

［　　　　］

⑶ この測定値の真の値の範囲は不等式で表される。□にあてはまる数を書き入れなさい。

ヒント 一の位を四捨五入して，480となったと考える。

□ ≦測定値＜ □

24 平方根の計算①

 月　日  点　答えは別冊13ページ

1 次の□にあてはまる数を書き入れなさい。 (1)〜(4) 各**5**点

(1) $(\sqrt{3}\times\sqrt{5})^2=(\sqrt{3})^2\times(\sqrt{5})^2=3\times\square=\square$

よって，$\sqrt{3}\times\sqrt{5}=\sqrt{15}$

(2) $\sqrt{12}=\sqrt{4\times3}=\sqrt{4}\times\sqrt{\square}=2\sqrt{\square}$

(3) $\sqrt{18}=\sqrt{\square\times\square}=\sqrt{9}\times\sqrt{\square}=\square\sqrt{\square}$

(4) $\sqrt{20}=\sqrt{\square\times\square}=\sqrt{\square}\times\sqrt{5}=\square\sqrt{\square}$

ポイント

●平方根の乗法

$a>0$，$b>0$ のとき，$\sqrt{ab}=\sqrt{a}\sqrt{b}$

2 例にならって，次の数を $a\sqrt{b}$ の形に表しなさい。 各**4**点

例

$\sqrt{24}=\sqrt{4}\times\sqrt{6}=2\sqrt{6}$

(1) $\sqrt{28}=$

(2) $\sqrt{27}=$

(3) $\sqrt{8}=$

(4) $\sqrt{32}=$

3 次の数を $a\sqrt{b}$ の形に表しなさい。 各4点

(1) $\sqrt{40}=$

(2) $\sqrt{44}=$

(3) $\sqrt{48}=$

(4) $\sqrt{50}=$

(5) $\sqrt{52}=$

(6) $\sqrt{54}=$

(7) $\sqrt{56}=$

(8) $\sqrt{60}=$

(9) $\sqrt{63}=$

(10) $\sqrt{68}=$

(11) $\sqrt{72}=$

(12) $\sqrt{75}=$

(13) $\sqrt{76}=$

(14) $\sqrt{80}=$

(15) $\sqrt{84}=$

(16) $\sqrt{88}=$

25 平方根の計算②

答えは別冊13ページ

1 次の数を$a\sqrt{b}$の形に表しなさい。

(1) $\sqrt{90}=$

(2) $\sqrt{96}=$

(3) $\sqrt{98}=$

(4) $\sqrt{99}=$

(5) $\sqrt{108}=$

(6) $\sqrt{112}=$

(7) $\sqrt{117}=$

(8) $\sqrt{120}=$

(9) $\sqrt{125}=$

(10) $\sqrt{126}=$

(11) $\sqrt{135}=$

(12) $\sqrt{150}=$

(13) $\sqrt{180}=$

(14) $\sqrt{200}=$

次の計算をしなさい。 …… 各4点

例

・$\sqrt{3}\times\sqrt{2}=\sqrt{3\times2}$
$=\sqrt{6}$

・$\sqrt{20}\times\sqrt{18}=2\sqrt{5}\times3\sqrt{2}$
$=6\sqrt{10}$

(1) $\sqrt{6}\times\sqrt{5}=$

(2) $\sqrt{2}\times\sqrt{7}=$

(3) $\sqrt{3}\times\sqrt{8}=\sqrt{3}\times\square\sqrt{2}$
$=$

(4) $\sqrt{5}\times\sqrt{12}=$

(5) $\sqrt{20}\times\sqrt{2}=$

(6) $\sqrt{18}\times\sqrt{5}=$

(7) $\sqrt{45}\times\sqrt{48}=3\sqrt{5}\times4\sqrt{\square}$
$=$

(8) $\sqrt{28}\times\sqrt{12}=$

(9) $\sqrt{48}\times\sqrt{18}=$

(10) $\sqrt{28}\times\sqrt{45}=$

(11) $\sqrt{27}\times\sqrt{12}=3\sqrt{\square}\times2\sqrt{\square}$
$=$

(12) $\sqrt{18}\times\sqrt{8}=$

(13) $\sqrt{20}\times\sqrt{45}=$

(14) $\sqrt{48}\times\sqrt{12}=$

26 平方根の計算③

1 次の計算をしなさい。

(1)〜(4) 各3点 (5)〜(14) 各4点

(1) $\sqrt{3}\times\sqrt{18}=$

(2) $\sqrt{3}\times\sqrt{20}=$

(3) $\sqrt{3}\times\sqrt{27}=$

(4) $\sqrt{3}\times\sqrt{30}=\sqrt{3}\times\sqrt{\square\times 10}$
$=$

(5) $\sqrt{3}\times\sqrt{33}=$

(6) $\sqrt{5}\times\sqrt{15}=$

(7) $\sqrt{5}\times\sqrt{30}=$

(8) $\sqrt{5}\times\sqrt{35}=$

(9) $\sqrt{5}\times\sqrt{40}=\sqrt{5}\times\sqrt{\square\times 8}$
$=$

(10) $\sqrt{5}\times\sqrt{60}=$

(11) $\sqrt{6}\times\sqrt{24}=$

(12) $\sqrt{6}\times\sqrt{27}=$

(13) $\sqrt{8}\times\sqrt{12}=$

(14) $\sqrt{8}\times\sqrt{14}=$

2 次の計算をしなさい。 各4点

(1) $\sqrt{6}\times(-\sqrt{3})=$

(2) $(-\sqrt{8})\times\sqrt{2}=$

(3) $\sqrt{3}\times\sqrt{8}\times\sqrt{6}$
$=$

(4) $\sqrt{6}\times\sqrt{8}\times\sqrt{12}$
$=$

(5) $\sqrt{5}\times(-\sqrt{6})\times\sqrt{15}$
$=$

(6) $\sqrt{5}\times\sqrt{10}\times\sqrt{12}$
$=$

(7) $\sqrt{21}\times\sqrt{28}\times(-\sqrt{75})$
$=$

(8) $(-\sqrt{8})\times\sqrt{20}\times(-\sqrt{48})$
$=$

(9) $\sqrt{7}\times\sqrt{21}\times\sqrt{6}$
$=$

(10) $\sqrt{10}\times\sqrt{15}\times\sqrt{6}$
$=$

(11) $\sqrt{8}\times(-\sqrt{12})\times\sqrt{96}$
$=$

(12) $\sqrt{10}\times\sqrt{14}\times(-\sqrt{98})$
$=$

27 平方根の計算④

答えは別冊14ページ

1 次の計算をしなさい。

(1)〜(4) 各3点　(5)〜(12) 各4点

例

・$5\sqrt{3}+2\sqrt{3}=7\sqrt{3}$

・$\sqrt{18}+\sqrt{50}=3\sqrt{2}+5\sqrt{2}$
$=8\sqrt{2}$

√ の中の数が
同じときはまと
められるんだね。

(1) $4\sqrt{2}+3\sqrt{2}=$

(2) $5\sqrt{3}-2\sqrt{3}=$

(3) $\sqrt{12}+\sqrt{27}=$

(4) $\sqrt{27}-\sqrt{3}=$

(5) $\sqrt{12}+\sqrt{3}=$

(6) $\sqrt{98}-\sqrt{50}=$

(7) $\sqrt{5}+\sqrt{20}=$

(8) $\sqrt{28}-\sqrt{7}=$

(9) $2\sqrt{18}+\sqrt{50}=\square\sqrt{2}+5\sqrt{2}$
$=$

(10) $4\sqrt{8}-\sqrt{18}=$

(11) $4\sqrt{12}-\sqrt{27}=$

(12) $\sqrt{80}+2\sqrt{20}=$

2 次の計算をしなさい。

(1) $3\sqrt{18}-4\sqrt{8}=$

(2) $2\sqrt{27}-5\sqrt{12}=$

(3) $2\sqrt{125}-5\sqrt{20}=$

(4) $3\sqrt{7}-2\sqrt{28}=$

(5) $7\sqrt{20}+\sqrt{45}-2\sqrt{5}$
$=$

(6) $\sqrt{32}+2\sqrt{8}-3\sqrt{18}$
$=$

(7) $\sqrt{50}+2\sqrt{72}-3\sqrt{2}$
$=$

(8) $\sqrt{12}+2\sqrt{27}-3\sqrt{48}$
$=$

(9) $\sqrt{75}+2\sqrt{108}-3\sqrt{3}$
$=$

(10) $\sqrt{5}+2\sqrt{45}-3\sqrt{125}$
$=$

(11) $\sqrt{50}-2\sqrt{32}+3\sqrt{18}$
$=$

(12) $2\sqrt{3}+\sqrt{48}-\sqrt{75}$
$=$

(13) $3\sqrt{20}-\sqrt{45}-2\sqrt{5}$
$=$

(14) $\sqrt{3}-4\sqrt{48}+3\sqrt{75}$
$=$

28 平方根の計算⑤

月　日　点　答えは別冊15ページ

1 次の計算をしなさい。　各4点

例

$\sqrt{2}(\sqrt{5}+\sqrt{3})=\sqrt{2}\times\sqrt{5}+\sqrt{2}\times\sqrt{3}=\sqrt{10}+\sqrt{6}$

(1) $\sqrt{3}(\sqrt{7}+\sqrt{2})$

$=$

(2) $\sqrt{2}(\sqrt{5}-\sqrt{3})$

$=$

(3) $\sqrt{3}(\sqrt{15}+\sqrt{18})$

$=$

(4) $(\sqrt{2}+1)\sqrt{3}$

$=$

(5) $(3\sqrt{72}-5\sqrt{8})\sqrt{3}$

$=$

(6) $\sqrt{2}(\sqrt{8}+\sqrt{3})$

$=$

(7) $\sqrt{3}(2\sqrt{6}-\sqrt{12})$

$=$

(8) $\sqrt{2}(-\sqrt{8}+\sqrt{14})$

$=$

(9) $\sqrt{2}(\sqrt{2}+1)+\sqrt{8}$

$=$

(10) $\sqrt{12}-\sqrt{3}(\sqrt{3}+2)$

$=$

2 次の式を展開しなさい。

(1)〜(6) 各5点　(7)〜(11) 各6点

(1) $(\sqrt{5}+1)(\sqrt{3}+\sqrt{2})=\sqrt{15}+\sqrt{10}+\square+\square$

(2) $(\sqrt{7}+\sqrt{2})(\sqrt{5}+\sqrt{3})=$

(3) $(2\sqrt{3}+\sqrt{2})(\sqrt{3}+3\sqrt{2})=$

(4) $(3\sqrt{3}+2\sqrt{2})(\sqrt{3}-5\sqrt{2})=$

(5) $(3\sqrt{2}-\sqrt{3})(\sqrt{2}-2\sqrt{3})=$

(6) $(\sqrt{7}+2)(\sqrt{7}+3)=(\sqrt{7})^2+5\sqrt{7}+\square=$

(7) $(\sqrt{7}+3)(\sqrt{7}+4)=$

(8) $(\sqrt{3}+2)(\sqrt{3}+1)=$

(9) $(\sqrt{3}+2)(\sqrt{3}-1)=$

(10) $(\sqrt{10}+2)(\sqrt{10}+4)=$

(11) $(\sqrt{10}+2)(\sqrt{10}-4)=$

29 平方根の計算⑥

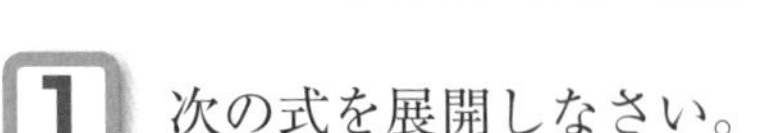
月　日　点

答えは別冊15ページ

1 次の式を展開しなさい。 各5点

(1) $(\sqrt{7}+2)(\sqrt{7}-2)=(\sqrt{7})^2-\square=$

(2) $(\sqrt{5}+3)(\sqrt{5}-3)=$

(3) $(\sqrt{5}+\sqrt{2})(\sqrt{5}-\sqrt{2})=$

(4) $(2\sqrt{5}+3)(2\sqrt{5}-3)=$

(5) $(\sqrt{2}+1)^2=(\sqrt{2})^2+\square\sqrt{2}+1=$

(6) $(\sqrt{2}-1)^2=$

(7) $5(\sqrt{2}+1)^2=$

(8) $\sqrt{3}(\sqrt{2}-1)^2=$

(9) $(2\sqrt{3}+1)^2=$

(10) $3\sqrt{5}(2\sqrt{3}+1)^2=$

2 次の計算をしなさい。 各5点

(1) $(5-2\sqrt{7})(5-3\sqrt{7})=$

(2) $(2\sqrt{6}+\sqrt{3})(\sqrt{3}+6)=$

(3) $(\sqrt{3}-\sqrt{5})^2+(\sqrt{3}+\sqrt{5})^2=$

(4) $(3\sqrt{2}+2\sqrt{5})^2+(3\sqrt{2}-2\sqrt{5})^2=$

(5) $(\sqrt{2}+5)(\sqrt{2}-5)-\sqrt{32}=$

(6) $3(\sqrt{3}+2)^2-(2\sqrt{3}-1)^2=$

(7) $(1+\sqrt{2})(1+\sqrt{2}-\sqrt{3})=(1+\sqrt{2})\{(1+\sqrt{2})-\sqrt{3}\}$

$=\left(\boxed{}\right)^2-(1+\sqrt{2})\sqrt{3}$

(8) $(1-\sqrt{3})(1+\sqrt{2}+\sqrt{3})=$

(9) $(\sqrt{2}+\sqrt{3})(\sqrt{2}-\sqrt{3}+1)=$

(10) $(\sqrt{3}-\sqrt{5})(\sqrt{3}+\sqrt{5}-1)=$

30 平方根の計算⑦

答えは別冊16ページ

ポイント

●平方根の除法

$a>0$, $b>0$ のとき $\dfrac{\sqrt{a}}{\sqrt{b}}=\sqrt{\dfrac{a}{b}}$

1 次の計算をしなさい。　各3点

(1) $\dfrac{\sqrt{24}}{\sqrt{8}}=\sqrt{\dfrac{24}{\square}}=$

(2) $\dfrac{\sqrt{24}}{\sqrt{6}}=$

(3) $\dfrac{\sqrt{15}}{\sqrt{3}}=$

(4) $\dfrac{\sqrt{150}}{\sqrt{6}}=$

(5) $\sqrt{8}\div\sqrt{2}=\dfrac{\sqrt{8}}{\sqrt{2}}=$

(6) $\sqrt{50}\div\sqrt{2}=$

(7) $\sqrt{90}\div\sqrt{5}=$

(8) $\sqrt{210}\div\sqrt{15}=$

(9) $\sqrt{98}\div\sqrt{18}=$

(10) $\sqrt{108}\div\sqrt{48}=$

(11) $\dfrac{\sqrt{54}}{\sqrt{3}}=$

(12) $\dfrac{\sqrt{120}}{\sqrt{5}}=$

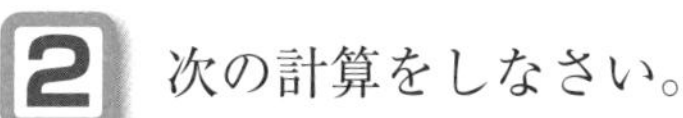

2 次の計算をしなさい。 各4点

(1) $\dfrac{3\sqrt{8}}{\sqrt{2}}=$

(2) $\dfrac{\sqrt{120}}{2\sqrt{5}}=$

(3) $\dfrac{\sqrt{216}}{3\sqrt{2}}=$

(4) $\dfrac{2\sqrt{210}}{\sqrt{15}}=$

(5) $\dfrac{5\sqrt{90}}{3\sqrt{5}}=$

(6) $\dfrac{3\sqrt{48}}{2\sqrt{3}}=$

(7) $\dfrac{\sqrt{24}}{\sqrt{72}}\times\sqrt{18}=$

(8) $\sqrt{\dfrac{5}{6}}\times\sqrt{\dfrac{3}{10}}=$

(9) $4\sqrt{\dfrac{2}{5}}\times\sqrt{\dfrac{5}{8}}=$

(10) $2\sqrt{\dfrac{5}{6}}\times3\sqrt{\dfrac{3}{10}}=$

3 例にならって，次の数を変形しなさい。

各6点

例

$\sqrt{0.03}=\sqrt{\dfrac{3}{100}}=\dfrac{\sqrt{3}}{\sqrt{100}}=\dfrac{\sqrt{3}}{10}$

(1) $\sqrt{0.06}=$

(2) $\sqrt{0.81}=$

(3) $\sqrt{0.0003}=$

(4) $\sqrt{0.0049}=$

平方根の計算⑧

 月　日  点

答えは別冊16ページ

1 次の数を，分母に$\sqrt{\ }$をふくまない形に変形しなさい。

(1)〜(4) 各 **3** 点　(5)〜(12) 各 **4** 点

例

$$\frac{3}{\sqrt{2}}=\frac{3\times\sqrt{2}}{\sqrt{2}\times\sqrt{2}}=\frac{3\sqrt{2}}{2}$$

（分母，分子に$\sqrt{2}$をかける）

注意 分母に$\sqrt{\ }$をふくまない形に変形することを，分母を有理化するという。

(1) $\dfrac{1}{\sqrt{3}}=$

(2) $\dfrac{2}{\sqrt{3}}=$

(3) $\dfrac{1}{\sqrt{5}}=$

(4) $\dfrac{2}{\sqrt{5}}=$

(5) $\dfrac{4}{\sqrt{7}}=$

(6) $\dfrac{\sqrt{3}}{\sqrt{2}}=$

(7) $\dfrac{\sqrt{2}}{\sqrt{6}}=\dfrac{\sqrt{12}}{(\sqrt{6})^2}=\dfrac{\square\sqrt{3}}{6}=$

(8) $\dfrac{\sqrt{6}}{\sqrt{3}}=$

(9) $\dfrac{4}{\sqrt{2}}=$

(10) $\dfrac{10}{\sqrt{5}}=$

(11) $\dfrac{6}{\sqrt{2}}=$

(12) $\dfrac{5}{\sqrt{5}}=$

2 次の数の分母を有理化しなさい。 各4点

(1) $\frac{4}{\sqrt{8}}=$

(2) $\frac{2}{\sqrt{8}}=$

(3) $\frac{\sqrt{12}}{\sqrt{6}}=$

(4) $\frac{\sqrt{18}}{\sqrt{12}}=$

(5) $\sqrt{\frac{2}{5}}=\frac{\sqrt{2}}{\sqrt{5}}=$

(6) $\sqrt{\frac{25}{18}}=$

(7) $\sqrt{\frac{49}{108}}=$

(8) $\sqrt{\frac{1}{20}}=$

(9) $\frac{\sqrt{3}}{3\sqrt{2}}=\frac{\sqrt{3}\times\sqrt{2}}{3\sqrt{2}\times\sqrt{2}}=$

(10) $\frac{5\sqrt{2}}{2\sqrt{6}}=$

(11) $\frac{\sqrt{15}}{5\sqrt{10}}=$

(12) $2\sqrt{\frac{25}{18}}=2\times\frac{\sqrt{25}}{\sqrt{18}}=$

(13) $3\sqrt{\frac{49}{108}}=$

(14) $4\sqrt{\frac{15}{8}}=$

平方根の計算⑨

月　日　点　答えは別冊17ページ

1 例にならって，次の式の分母を有理化してから計算しなさい。

各4点

例

$$\frac{3}{\sqrt{2}}+\sqrt{2}=\frac{3\sqrt{2}}{2}+\sqrt{2}=\frac{5\sqrt{2}}{2}\quad\left(\frac{5}{2}\sqrt{2}\right)$$

(1) $\dfrac{6}{\sqrt{3}}+\sqrt{3}=$

(2) $\sqrt{3}+\dfrac{1}{\sqrt{3}}=$

(3) $4\sqrt{3}+\dfrac{2}{\sqrt{3}}=$

(4) $\dfrac{10}{\sqrt{5}}-3\sqrt{5}=$

(5) $\dfrac{5}{2\sqrt{3}}-\sqrt{3}=$

(6) $\dfrac{5}{2\sqrt{3}}-\dfrac{\sqrt{3}}{2}=$

(7) $\dfrac{2\sqrt{3}}{\sqrt{2}}+2\sqrt{6}=$

(8) $\dfrac{2\sqrt{3}}{3\sqrt{2}}-2\sqrt{6}=$

(9) $\dfrac{3\sqrt{2}}{2\sqrt{3}}-2\sqrt{6}=$

(10) $\dfrac{3\sqrt{8}}{2\sqrt{3}}+2\sqrt{6}=$

2 次の計算をしなさい。 

(1) $\sqrt{5}-\sqrt{\dfrac{4}{5}}=$

(2) $3\sqrt{8}-\sqrt{\dfrac{1}{2}}=$

(3) $\sqrt{\dfrac{1}{20}}+\dfrac{\sqrt{5}}{5}=$

(4) $\sqrt{\dfrac{3}{5}}-\sqrt{\dfrac{3}{20}}=$

(5) $3\sqrt{\dfrac{3}{8}}-\sqrt{6}=$

(6) $2\sqrt{\dfrac{25}{18}}-\dfrac{\sqrt{8}}{6}=$

(7) $\dfrac{\sqrt{3}}{4}-\dfrac{3\sqrt{6}}{\sqrt{8}}=$

(8) $10\sqrt{\dfrac{6}{5}}-\sqrt{\dfrac{3}{10}}=$

(9) $\dfrac{2\sqrt{2}-\sqrt{6}}{\sqrt{2}}=\dfrac{(2\sqrt{2}-\sqrt{6})\sqrt{2}}{2}$

$=\dfrac{4-2\sqrt{\square}}{2}$

$=$

(10) $\dfrac{6-2\sqrt{3}}{\sqrt{3}}=$

(11) $\dfrac{\sqrt{50}-\sqrt{2}}{\sqrt{8}}=$

(12) $\dfrac{\sqrt{12}-\sqrt{2}}{\sqrt{6}}=$

平方根の計算⑩

 月　日   点　答えは別冊17ページ

1 次の計算をしなさい。…………………… 各6点

(1) $\sqrt{\dfrac{8}{3}}-\sqrt{\dfrac{3}{8}}=$

(2) $2\sqrt{3}-\sqrt{\dfrac{1}{3}}=$

(3) $8\sqrt{\dfrac{3}{8}}-\sqrt{6}+\sqrt{54}=$

(4) $5\sqrt{3}+\dfrac{15}{\sqrt{3}}-2\sqrt{75}=$

(5) $\sqrt{5}-\sqrt{\dfrac{5}{4}}+\sqrt{\dfrac{4}{5}}=$

(6) $\sqrt{\dfrac{6}{5}}-4\sqrt{\dfrac{3}{10}}+\sqrt{\dfrac{15}{2}}=$

(7) $\sqrt{72}-\sqrt{\dfrac{2}{25}}+\sqrt{\dfrac{9}{2}}=$

(8) $3\sqrt{8}+4\sqrt{18}-5\sqrt{32}+\sqrt{\dfrac{1}{2}}=$

2 次の式の値を求めなさい。 各7点

(1) $x=2+\sqrt{3}$ のとき，x^2-4x+4 の値

〔解〕 $x^2-4x+4=(x-2)^2$

よって，$\{(2+\sqrt{3})-2\}^2=(\boxed{})^2=$

[　　　　]

(2) $x=\sqrt{6}+1$ のとき，x^2-4x+3 の値

[　　　　]

3 $x=\sqrt{3}+\sqrt{2}$，$y=\sqrt{3}-\sqrt{2}$ のとき，次の式の値を求めなさい。 各7点

(1) $(x+y)^2$

[　　　　]

(2) xy

[　　　　]

4 $x=3+\sqrt{3}$，$y=3-\sqrt{3}$ のとき，次の式の値を求めなさい。 各8点

(1) x^2+y^2

[　　　　]

(2) x^2-y^2

[　　　　]

(3) $x^2-2xy+y^2$

[　　　　]

34 平方根のまとめ

 月　日  点

答えは別冊18ページ

1 次の各組の数の大小を，不等号を使って表しなさい。 

(1) $6, \sqrt{35}$

[　　　　　　]

(2) $5, \sqrt{26}, 2\sqrt{6}$

[　　　　　　]

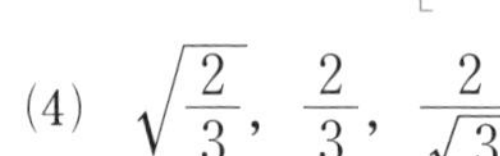

(3) $\sqrt{0.9}, \sqrt{0.09}, 0.03$

[　　　　　　]

(4) $\sqrt{\dfrac{2}{3}}, \dfrac{2}{3}, \dfrac{2}{\sqrt{3}}$

[　　　　　　]

2 次の問いに答えなさい。 

(1) 次の数のうち，無理数であるものをすべて選びなさい。

$\dfrac{3}{4}, \dfrac{2}{9}, \sqrt{7}, \dfrac{2}{5}, \dfrac{\sqrt{8}}{\sqrt{18}}, -\dfrac{1}{6}, \dfrac{\sqrt{2}}{\sqrt{12}}, \dfrac{\pi}{2}$

[　　　　　　]

(2) 40000mの有効数字が2けたであるとき，(整数部分が1けたの小数) × (10の累乗(るいじょう)) の形で表しなさい。

[　　　　　　]

(3) 小数第3位を四捨五入して5.13になる数をaとすると，aの値の範囲(はんい)は不等式で表すことができる。□にあてはまる数を書き入れなさい。

□ $\leqq a <$ □

3 次の数の分母を有理化しなさい。 

(1) $\dfrac{7}{2\sqrt{3}} =$

(2) $\dfrac{5\sqrt{6}}{\sqrt{12}} =$

4 次の計算をしなさい。

(1) $(2+\sqrt{3})(2-\sqrt{3})=$

(2) $(5\sqrt{2}-3)^2=$

(3) $(\sqrt{2}+\sqrt{6})(\sqrt{2}-\sqrt{6}+1)=$

(4) $2\sqrt{5}\times\sqrt{12}\div\sqrt{10}=$

(5) $\left(\dfrac{3+\sqrt{5}}{2}\right)^2-3\left(\dfrac{3+\sqrt{5}}{2}\right)+1=$

(6) $(\sqrt{6}+3)(\sqrt{6}-2)+\dfrac{4\sqrt{2}}{\sqrt{3}}\times 3=$

(7) $\dfrac{\sqrt{3}(2\sqrt{3}-6)}{3}-\dfrac{(\sqrt{3}-1)^2}{2}=$

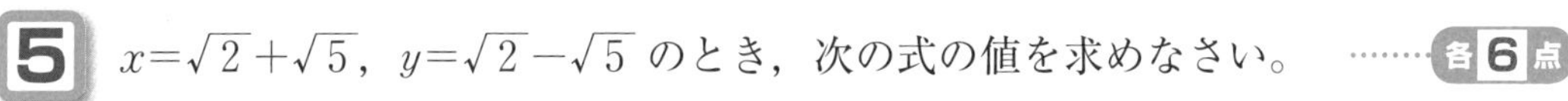

5 $x=\sqrt{2}+\sqrt{5}$，$y=\sqrt{2}-\sqrt{5}$ のとき，次の式の値を求めなさい。 各6点

(1) x^2+y^2

[　　　　]

(2) $x^2-2xy+y^2$

[　　　　]

35 2次方程式の解き方①

  月　日  点

答えは別冊19ページ

1 次の2次方程式を解きなさい。　　各**5**点

例

$x^2+3x-10=0$

〔解〕 $(x-2)(x+5)=0$

$x-2=0$ または $x+5=0$

よって，$x=2,\ -5$

ポイント

$ab=0$ ならば $a=0$ または $b=0$

(1) $x^2+5x+6=0$

〔解〕 $(x+\square)(x+3)=0$

(2) $x^2-12x+35=0$

(3) $x^2+5x-6=0$

(4) $x^2-5x-6=0$

(5) $x^2+6x-27=0$

(6) $x^2+13x+36=0$

(7) $x^2+9x+8=0$

(8) $x^2-10x+16=0$

 次の2次方程式を解きなさい。 

(1) $(x-1)(x-2)=0$

(2) $(x+2)(x-3)=0$

(3) $(3x+2)(5x-6)=0$

(4) $(x-1)(2x+6)=0$

(5) $x^2-10x+25=0$

〔解〕 $\left(x-\square\right)^2=0$

(6) $x^2-8x+16=0$

 2次方程式の中には，解が1つしかないものもある。

(7) $x^2+16x+64=0$

(8) $x^2-9=0$

〔解〕 $(x+3)\left(x-\square\right)=0$

(9) $x^2-49=0$

(10) $x^2-25=0$

(11) $x^2-4x=0$

〔解〕 $x\left(x-\square\right)=0$

(12) $3x^2-x=0$

36 2次方程式の解き方②

 月 日   点

答えは別冊20ページ

1 次の2次方程式を解きなさい。 各5点

(1) $x^2+6x=16$

〔解〕 $x^2+6x-\square=0$

(2) $x^2-6x=16$

(3) $x^2+2x=15$

(4) $x^2-4x=12$

(5) $x^2+5x=14$

(6) $x^2-7x=18$

(7) $x^2+16=8x$

〔解〕 $x^2-\square x+16=0$

(8) $x^2-6=-x$

(9) $8x=x^2+12$

(10) $2x^2=7x$

2 次の 2 次方程式を解きなさい。

(1) $2x^2+6x-1=x^2+6x$

(2) $x(x+10)=3(5x-2)$

(3) $(x+2)^2=2x+3$

(4) $2(x+5)(x-5)=x(x-23)$

(5) $x(x+15)=34$

(6) $(x+1)(x+4)=10$

(7) $x^2+(x+1)^2=(x+2)^2$

(8) $(x+1)^2+(x+2)^2=(x+3)^2$

(9) $(x-4)^2=(x-3)^2+(x-2)^2$

(10) $(x-5)^2=(x-4)^2+(x-3)^2$

37 2次方程式の解き方③

 月  日  点　答えは別冊20ページ

1 例にならって，次の2次方程式を解きなさい。

(1)〜(4) 各**7**点　(5)，(6) 各**8**点

例

$4x^2-25=0$

〔解〕 $4x^2=25$ より，

$x^2=\dfrac{25}{4}$

$x=\pm\dfrac{5}{2}$

(1) $4x^2-49=0$

〔解〕 $4x^2=49$ より，

$x^2=$ □

$x=$

(2) $4x^2=81$

(3) $9x^2-1=0$

(4) $4x^2=121$

(5) $4x^2-9=0$

(6) $9x^2=25$

 例にならって，次の２次方程式を解きなさい。 

例

$2x^2-3=0$

〔解〕 $2x^2=3$ より，

$x^2=\frac{3}{2}$

$x=\pm\sqrt{\frac{3}{2}}$

$x=\pm\frac{\sqrt{6}}{2}$

(1) $3x^2-5=0$

(2) $5x^2-7=0$

(3) $2x^2-9=0$

(4) $2x^2-25=0$

(5) $4x^2-5=0$

(6) $8x^2-16=0$

(7) $10x^2-12=0$

2次方程式の解き方④

 月　日  点 

答えは別冊21ページ

 次の2次方程式を解きなさい。 各5点

(1)　$36x^2-25=0$

〔解〕　$x^2=$ □

$x=$

(2)　$3x^2+1=28$

(3)　$12x^2-17=6x^2+7$

(4)　$3x^2-27=2x^2$

(5)　$3x^2+27=6x^2$

(6)　$(x+8)(x-8)=225$

2 次の2次方程式を解きなさい。

(1),(2) 各5点 (3)〜(12) 各6点

(1) $(x-2)^2=5$

〔解〕 $x-2=\pm\sqrt{5}$

$x=2\pm$ □

(2) $(x-1)^2=7$

(3) $(x+3)^2=5$

(4) $(x-5)^2=3$

(5) $(x-3)^2=25$

〔解〕 $x-3=\pm5$

$x-3=5$ または $x-3=$ □

よって,$x=$ □, □

(6) $(x+3)^2=4$

(7) $(x-5)^2=25$

(8) $(x-3)^2-9=0$

(9) $(2x-3)^2=25$

〔解〕 $2x-3=$ □

(10) $(3x+5)^2=4$

(11) $(2x+3)^2-4=0$

(12) $4x^2+4x+1=16$

2次方程式の解き方⑤

 月　日  点

答えは別冊21ページ

1 例にならって，次の2次方程式を解きなさい。 各8点

例

$x^2-6x-1=0$

〔解〕 $x^2-6x=1$

$x^2-6x+9=1+9$

$(x-3)^2=10$

$x-3=\pm\sqrt{10}$

$x=3\pm\sqrt{10}$

例のように，左辺を
$(\quad)^2$の形にするために，
両辺にxの係数の半分の
2乗を加えるよ。

(1) $x^2-6x-3=0$

(2) $x^2-8x+5=0$

(3) $x^2-10x+2=0$

〔解〕 $x^2-10x=\square$

$x^2-10x+25=-2+\square$

$(x-5)^2=\square$

$x-5=\pm\square$

$x=$

(4) $x^2+10x+15=0$

(5) $x^2-4x-4=0$

(6) $x^2-8x-4=0$

2 次の2次方程式を解きなさい。 ……………… (1)〜(4) 各**8**点 (5), (6) 各**10**点

(1) $x^2+3x+1=0$

〔解〕 $x^2+3x=-1$

$$x^2+3x+\left(\frac{3}{2}\right)^2=-1+\left(\frac{3}{2}\right)^2$$

$$\left(x+\frac{3}{2}\right)^2=\square$$

$$x+\frac{3}{2}=\pm\square$$

$$x=\frac{-3\pm\square}{2}$$

(2) $x^2-3x-3=0$

(3) $x^2+5x-2=0$

(4) $x^2+x-3=0$

(5) $x^2+5x-5=0$

(6) $x^2-7x-5=0$

2次方程式の解き方⑥

 月　日  点

答えは別冊22ページ

1 解の公式を使って，次の2次方程式を解きなさい。 各6点

> **ポイント**
>
> ●**2次方程式の解の公式**
>
> 2次方程式 $ax^2+bx+c=0$ の解は，
>
> $$x=\frac{-b\pm\sqrt{b^2-4ac}}{2a}$$

(1) $x^2+3x+1=0$

〔解〕 $x=\dfrac{-3\pm\sqrt{3^2-4\times1\times\square}}{2\times1}$

$=\dfrac{-3\pm\sqrt{\square}}{2}$

(2) $x^2+5x+2=0$

(3) $x^2-7x+5=0$

(4) $3x^2+3x-1=0$

〔解〕 $x=\dfrac{-3\pm\sqrt{3^2-4\times3\times(\square)}}{2\times3}$

$=\dfrac{-3\pm\sqrt{\square}}{6}$

(5) $2x^2+7x+2=0$

(6) $4x^2-5x-2=0$

(7) $5x^2-8x+2=0$

 解の公式を使って，次の2次方程式を解きなさい。 

(1) $5x^2-12x+4=0$

(2) $-2x^2-4x+3=0$

(3) $\frac{1}{3}x^2-x+\frac{1}{6}=0$

〔解〕 両辺に6をかけて，

$2x^2-6x+1=0$

(4) $6x^2=3-2x$

 2次方程式 $x^2-21x+90=0$ について，次の問いに答えなさい。 

(1) 解の公式を使って，この方程式を解きなさい。

(2) 左辺を因数分解して，この方程式を解きなさい。

〔解〕 $x^2-21x+90=0$

$(x-\square)(x-\square)=0$

2次方程式の解き方のまとめ

月　日

点

答えは別冊23ページ

次の2次方程式を解きなさい。　各4点

(1)　$x^2-81=0$

(2)　$x^2-5x=0$

(3)　$3(x-7)(x+9)=0$

(4)　$x^2-12x+36=0$

(5)　$x^2+7x-18=0$

(6)　$x^2-6x+5=0$

(7)　$(x-4)(x-3)=x$

(8)　$(x+3)^2-4x-12=0$

(9)　$(x-8)(x+1)=-20$

(10)　$(2x+1)^2=(x-1)^2$

 次の2次方程式を解きなさい。 

(1) $9x^2-49=0$

(2) $(x-8)^2=25$

(3) $(x+4)^2-50=0$

(4) $(2x+1)^2+14=50$

3 次の2次方程式を解きなさい。 各10点

(1) $x^2+6x+4=0$

(2) $x^2-7x-9=0$

(3) $2x^2+7x+2=0$

(4) $4x^2-5x-2=0$

42 2次方程式の応用①

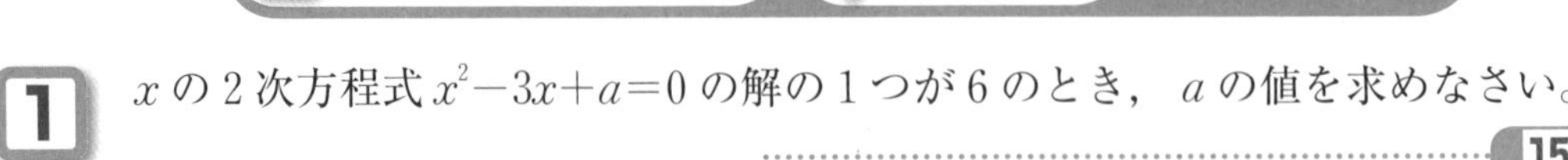

月　日　点　答えは別冊24ページ

1 xの2次方程式 $x^2-3x+a=0$ の解の1つが6のとき，aの値を求めなさい。 15点

〔解〕 この方程式に $x=6$ を代入すると，

$6^2-3\times\square+a=0$

〔　　　〕

2 xの2次方程式 $x^2+6x+a=0$ の解の1つが $-3+\sqrt{17}$ のとき，aの値を求めなさい。 15点

〔　　　〕

3 xの2次方程式 $2x^2+ax-12=0$ の解の1つが-4であるとき，次の問いに答えなさい。 各10点

(1) aの値を求めなさい。

〔　　　〕

(2) 他の解を求めなさい。

〔　　　〕

4 xの2次方程式 $2x^2+ax-2=0$ の解の1つが2であるとき，aの値と他の解を求めなさい。 **20点**

aの値［　　　　］

他の解［　　　　］

5 xの2次方程式 $x^2+ax+b=0$ の解が2と3であるとき，a，bの値を求めなさい。 **15点**

〔解〕 この方程式に $x=2$ を代入すると，

$2^2+2a+b=0$ ……①

また，$x=3$ を代入すると，

$3^2+\square a+b=0$ ……②

a［　　　　］

b［　　　　］

6 式 $y=x^2+ax+b$ において，$x=5$ のとき $y=-9$，$x=-5$ のとき $y=11$ である。$y=0$ となるときの，xの値を求めなさい。 **15点**

ヒント aとbについての連立方程式をつくり，まず，a，bの値を求める。

［　　　　］

43 2次方程式の応用②

月　日　点　答えは別冊24ページ

1 ある数とその数を2乗した数の和は72である。ある数を求めなさい。　15点

〔解〕 ある数を x とすると，

$x+\square=72$

〔　　　〕

2 ある数とその数を2乗した数の和は42である。ある数を求めなさい。　15点

〔　　　〕

3 2つの自然数があり，その差は8で，積は48になる。この2つの自然数を求めなさい。　15点

〔解〕 大きいほうの自然数を x とすると，

小さいほうの自然数は $\square$ と表される。

$x(\square)=48$

注意 $x>0$ である。

〔　　　〕

4 2つの自然数があり，その和は20で，積は84になる。この2つの自然数を求めなさい。 ……………… 15点

〔解〕 一方の自然数を x とすると，

他方の自然数は □ と表される。

$x(\square)=84$

[　　　　　]

5 ある自然数を2乗するところ，誤って2倍してしまったため，計算の結果が63小さくなった。ある自然数を求めなさい。 ……………… 20点

〔解〕 ある自然数を x とすると，

$x^2=2x+\square$

[　　　　　]

6 n 角形の対角線は全部で $\frac{n(n-3)}{2}$ 本ある。このことを使って，対角線が54本ある多角形は何角形か求めなさい。 ……………… 20点

[　　　　　]

2次方程式の応用③

月　日　点　答えは別冊25ページ

1 連続する2つの自然数があり，それぞれを2乗した数の和は85になる。この2つの自然数を求めなさい。 …… 15点

〔解〕 小さいほうの自然数を x とすると，2つの自然数は，x，$\boxed{}$ と表される。

$x^2+\left(\boxed{}\right)^2=85$

［　　　　　］

2 連続する3つの自然数があり，それぞれを2乗した数の和は194になる。この3つの自然数を求めなさい。 …… 15点

〔解〕 もっとも小さい自然数を x とすると，3つの自然数は，順に，x，$\boxed{}$，$\boxed{}$ と表される。

［　　　　　］

3 連続する3つの自然数があり，小さいほうの2つの数の積は，3つの数の和より5大きい。この3つの自然数を求めなさい。 …… 20点

［　　　　　］

4 周囲の長さが50 cmで，面積が150 cm^2 の長方形をつくりたい。この長方形の2辺の長さをそれぞれ何cmにすればよいか求めなさい。 …… **20点**

〔解〕 縦の長さを x cmとすると，横の長さは$\left(\boxed{}-x\right)$cmと表される。

注意 縦の長さ＋横の長さ＝25

［　　　　　　］

5 地上から秒速40 mで物体を真上に投げ上げたとき，投げ始めてから t 秒後の物体の高さを h mとすると，およそ

$h=40t-5t^2$

という式が成り立つ。次の問いに答えなさい。 …… **各10点**

(1) 投げ始めてから4秒後の物体の高さを求めなさい。

［　　　　　　］

(2) 投げ始めてから物体の高さが60 mになるのは何秒後か求めなさい。

［　　　　　　］

(3) 投げ始めてから再び地上に物体が落ちてくるのは何秒後か求めなさい。

［　　　　　　］

45 2次方程式の応用④

点
答えは別冊26ページ

1 縦が21m，横が33mの長方形の土地に，右の図のように，縦，横に同じ幅(はば)の道をつくり，残りを畑にする。畑の面積が540m²になるようにするには，道幅を何mにすればよいか求めなさい。 ……20点

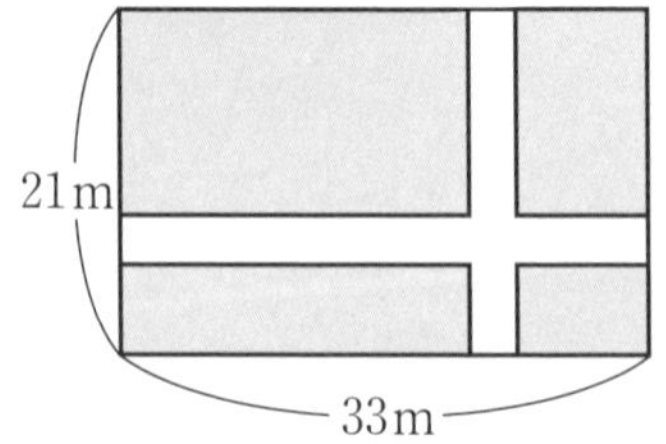

〔解〕 道幅をxmとすると，畑は

縦が$(21-x)$m，横が$(33-\square)$m

の長方形と考えられる。

［　　　　］

2 縦が17m，横が24mの長方形の土地に，**1**と同じように，縦，横に同じ幅の道をつくり，残りを畑にする。畑の面積が330m²になるようにするには，道幅を何mにすればよいか求めなさい。 ……20点

［　　　　］

3 横が縦より4cm長い長方形の厚紙がある。この紙の4すみから1辺が3cmの正方形を切り取り，直方体の形の容器をつくったら，容積が420cm³になった。はじめの厚紙の縦と横の長さを求めなさい。 ……20点

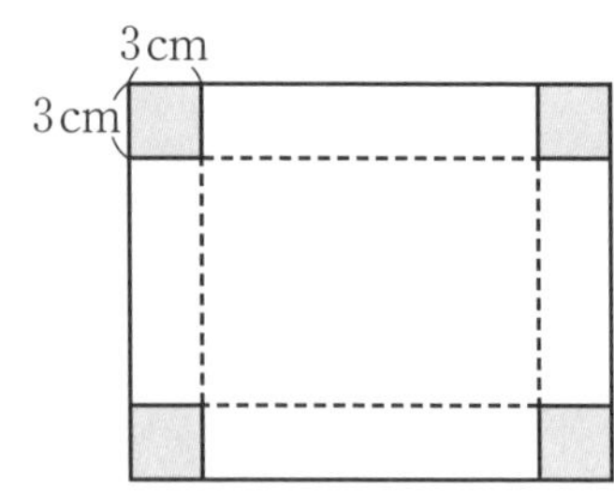

〔解〕 はじめの厚紙の縦の長さを$x$cmとすると，

横の長さは$(x+4)$cmとなる。

直方体の縦は$(x-6)$cm，横は$(x-\square)$cm，高さは3cmだから，

［　　　　］

4 右の図のような AB＝10 cm，BC＝20 cm の長方形ABCDがある。点Pは，Aを出発して辺AB上をBまで毎秒1 cmの速さで動く。また，点Qは，点Pと同時にBを出発して辺BC上をCまで毎秒2 cmの速さで動く。P，Qが出発してから x 秒後の△PBQの面積を y cm² とするとき，次の問いに答えなさい。 ……… 各10点

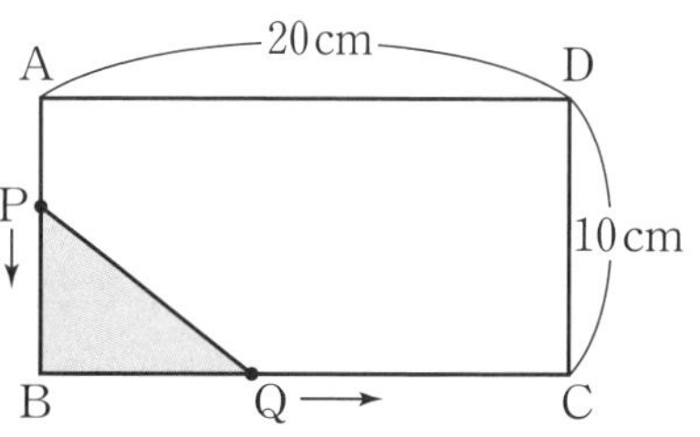

(1) y を x の式で表しなさい。

[ ]

(2) $y=21$ となるときの x の値を求めなさい。

[ ]

5 AC＝BC＝12 cm，∠C＝90° の直角二等辺三角形ABCがある。辺AB上に点Dをとって，右の図のように，面積が35 cm² となるような長方形DECFをつくる。次の問いに答えなさい。 ……… 各10点

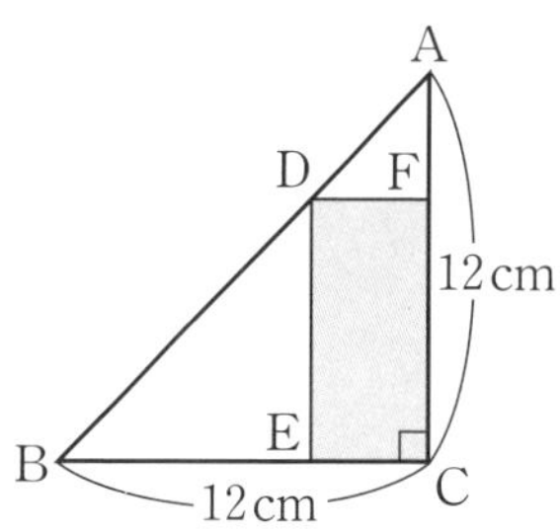

(1) ECの長さを x cmとするとき，FCの長さを x の式で表しなさい。

[ ]

(2) ECの長さを求めなさい。

[ ]

46 2次方程式の応用⑤

月　日　点　答えは別冊26ページ

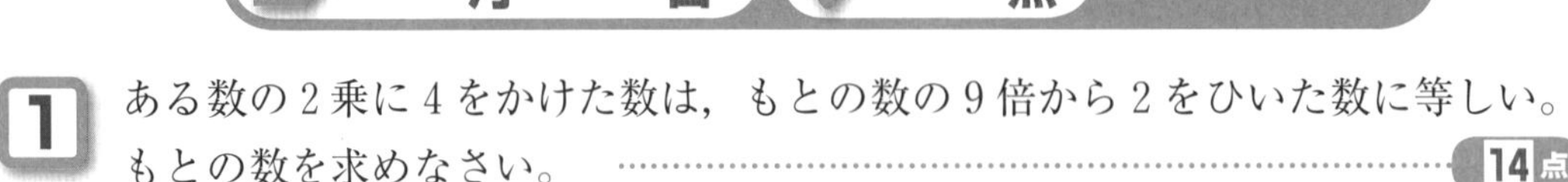

1 ある数の2乗に4をかけた数は，もとの数の9倍から2をひいた数に等しい。もとの数を求めなさい。 …… 14点

〔解〕 もとの数を x とすると，

$4x^2 = \square$

［　　　　］

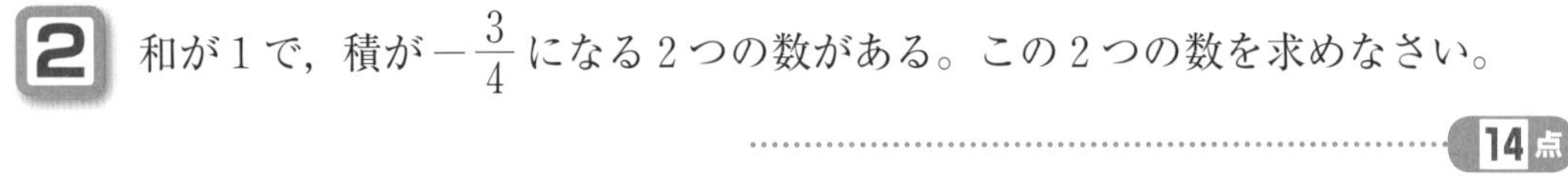

2 和が1で，積が $-\frac{3}{4}$ になる2つの数がある。この2つの数を求めなさい。 …… 14点

［　　　　］

3 縦が6 m，横が4 mの長方形がある。この長方形の縦を x m短くし，横を x m長くして，新たな長方形をつくったら，面積が20 m^2 になった。x の値を求めなさい。 …… 18点

［　　　　］

4 縦が3m，横が6mの土地に，右の図のように，幅(はば)が一定の道と花だんをつくる。花だんの面積が$10m^2$になるようにするには，道幅を何mにすればよいか求めなさい。 …… 18点

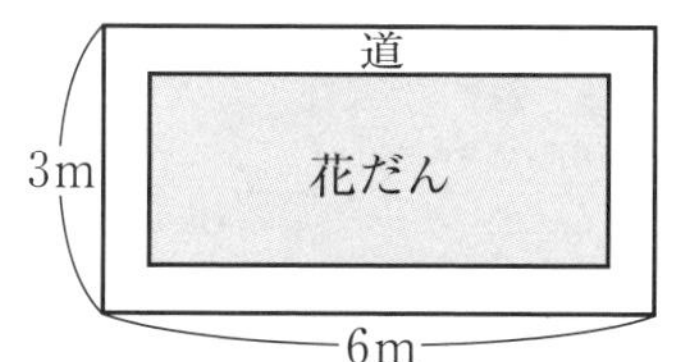

〔解〕 道幅をx mとすると，花だんは

縦が$(3-2x)$m，横が$\left(6-\boxed{}\right)$m

の長方形と考えられる。

[　　　　　]

5 半径4mの円形の土地がある。この土地に，円形の島とそれを囲むように池をつくりたい。島と池の面積が等しく，右の図のように，池の外側から島までの幅がどこも同じになるようにするには，この幅を何mにすればよいか求めなさい。 …… 18点

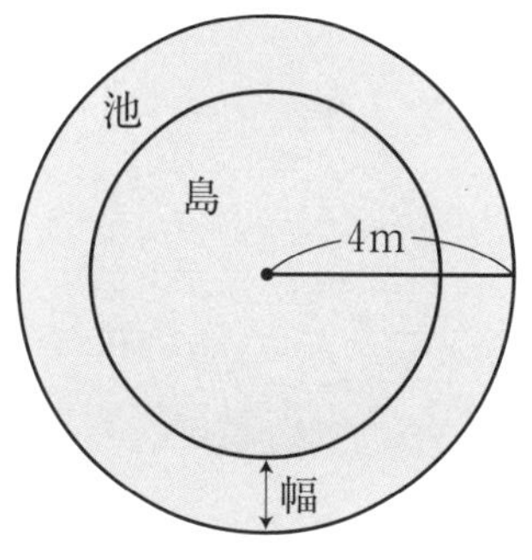

[　　　　　]

6 右の図のような1辺が8cmの正方形ABCDで，点Pは，Aを出発して辺AB上を毎秒2cmの速さでBまで動く。また，点Qは，点Pと同時にBを出発して辺BC上をCまで毎秒2cmの速さで動く。△PBQの面積が$7cm^2$になるのは，P，Qが出発してから何秒後か求めなさい。 …… 18点

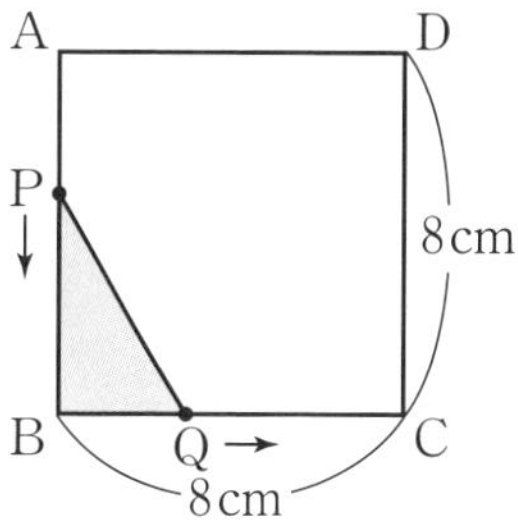

[　　　　　]

2次方程式のまとめ①

月　日

点
答えは別冊27ページ

1 次の2次方程式を解きなさい。 各8点

(1) $x^2-8x+12=0$

(2) $x^2+15x+56=0$

(3) $x^2-36=0$

(4) $x^2+6x+9=0$

(5) $2x^2+5x=0$

(6) $x^2+10x=24$

(7) $x^2-5x-36=0$

(8) $x^2+3x-28=0$

2 次の 2 次方程式を解きなさい。  各8点

(1) $(x-1)(x+3)=32$

(2) $(x+3)(x-2)=3x-7$

3 x の 2 次方程式 $x^2+ax+b=0$ の解が -1 と 4 であるとき，a，b の値を求めなさい。 10点

[　　　　　　　　]

4 連続する 3 つの整数がある。それぞれを 2 乗した数の和は，もっとも大きい数の 2 乗の 2 倍に21を加えたものに等しい。この 3 つの整数を求めなさい。 10点

[　　　　　　　　]

2次方程式のまとめ②

 月 日   点 答えは別冊28ページ

答えは別冊28ページ

1 次の2次方程式を解きなさい。 各7点

(1) $3x^2-27=0$

(2) $(x+5)^2=9$

(3) $(x+2)^2-12=0$

(4) $121x^2-7=4$

 次の2次方程式を解きなさい。 

(1) $x^2+8x+6=0$

(2) $x^2-3x-2=0$

(3) $2x^2+5x+2=0$

(4) $3x^2-7x+3=0$

3 連続する3つの正の偶数（ぐうすう）がある。それぞれを2乗した数の和は440になる。この3つの正の偶数を求めなさい。 …… 14点

［　　　　］

4 縦が30m，横が45mの長方形の土地に，右の図のように，縦，横に同じ幅（はば）の道をつくり，残った土地の面積が1000m^2になるようにしたい。道幅を何mにすればよいか求めなさい。 …… 14点

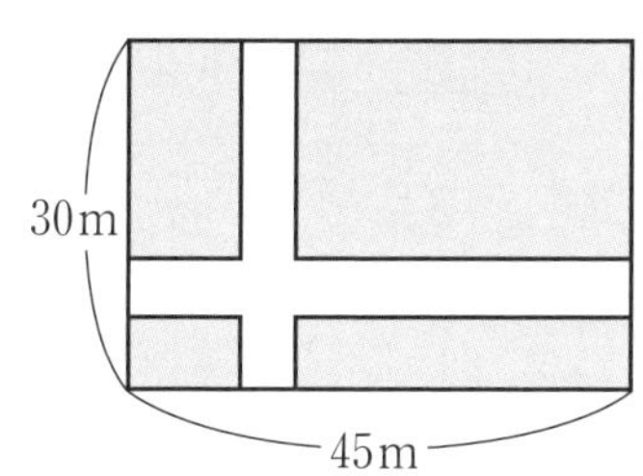

［　　　　］

5 右の図のような AC＝BC＝10cm，∠C＝90°の直角二等辺三角形ABCがある。点Pは，Aを出発して辺AC上をCまで毎秒2cmの速さで動く。また，点Qは，点Pと同時にBを出発して辺BC上をCまで毎秒2cmの速さで動く。△PBQの面積が9cm^2となるのは，P，Qが出発してから何秒後か求めなさい。 …… 16点

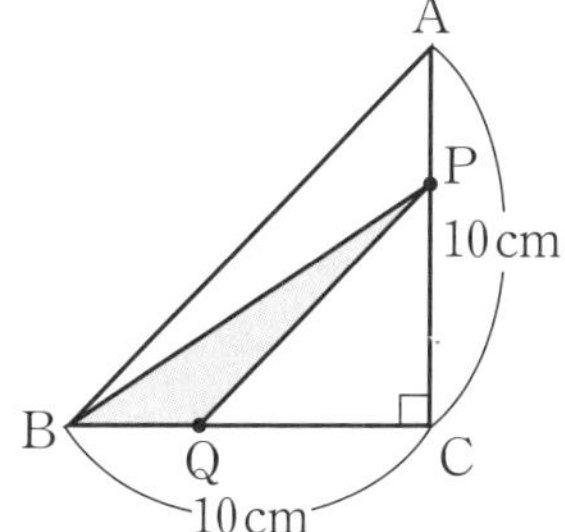

［　　　　］

49 2乗に比例する関数①

月　　日　　　点　答えは別冊28ページ

1 1辺が x cmの正方形の面積を y cm^2 とするとき，次の問いに答えなさい。

(1)，(3) 各8点　(2) 10点

(1) y を x の式で表しなさい。

[　　　　　　]

(2) 下の表を完成させなさい。

1辺 x (cm)	1	2	3	4	5	6
面積 y (cm^2)						

(3) $x=8$ のときの y の値を求めなさい。

[　　　　　　]

2 縦が x cm，横が $2x$ cmの長方形の面積を y cm^2 とするとき，次の問いに答えなさい。

(1)，(3) 各8点　(2) 10点

(1) y を x の式で表しなさい。

[　　　　　　]

(2) 下の表を完成させなさい。

縦　x (cm)	1	2	3	4	5	6
面積 y (cm^2)						

(3) $x=8$ のときの y の値を求めなさい。

[　　　　　　]

3 底辺と高さがどちらも x cmの三角形の面積を y cm^2 とするとき，次の問いに答えなさい。

(1) 7点　(2) 10点

(1) y を x の式で表しなさい。

[　　　　　　]

(2) 下の表を完成させなさい。

底辺 x (cm)	1	2	3	4	5	6
面積 y (cm^2)						

4 ボールを高い所から自然に落とすとき，ボールが落ち始めてからの時間を x 秒，その間に落ちる距離（きょり）を y mとする。このときの x と y の関係を表にすると，下のようになった。次の問いに答えなさい。 (1) **10点** (2)，(3) 各 **7点**

時間 x (秒)	0	1	2	3	4	5
x^2						
距離 y (m)	0	5	20	45	80	125

(1) 表の x^2 の値の欄（らん）をうめなさい。

(2) (1)より，x^2 と y の間には一定の関係があることがわかる。y を x の式で表しなさい。

[　　　　　　]

(3) ボールが落ち始めてから 6 秒間に落ちる距離は何mか求めなさい。

[　　　　　　]

Memo 覚えておこう

● 2 乗に比例する関数

x と y の関係が，$y=ax^2$ （a は定数）
の形で表されるとき，y は x の 2 乗に比例する関数という。

5 次の関数の中で，y が x の 2 乗に比例するものをすべて選び，記号で答えなさい。

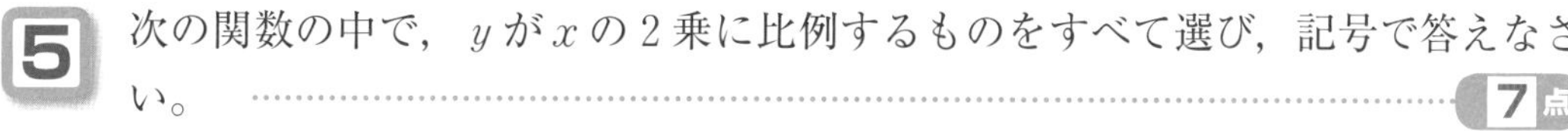

7点

ア　$y=3x$　　イ　$y=x^2$　　ウ　$y=-2x^2$

エ　$y=\dfrac{1}{x^2}$　　オ　$y=\dfrac{1}{3}x^2$　　カ　$y=\dfrac{x}{2}$

[　　　　　　]

50 2乗に比例する関数②

月　日　　点　答えは別冊29ページ

1 次の問いに答えなさい。　各5点

(1) $y=2x^2$ について，$x=5$ のときの y の値を求めなさい。

[　　　]

(2) $y=2x^2$ について，$x=-5$ のときの y の値を求めなさい。

[　　　]

(3) $y=-3x^2$ について，$x=5$ のときの y の値を求めなさい。

[　　　]

(4) $y=-3x^2$ について，$x=-5$ のときの y の値を求めなさい。

[　　　]

(5) $y=ax^2$ について，$x=2$ のとき $y=8$ である。a の値を求めなさい。

ヒント $y=ax^2$ に $x=2$，$y=8$ を代入する。

[　　　]

(6) $y=ax^2$ について，$x=-4$ のとき $y=6$ である。a の値を求めなさい。

[　　　]

2 y は x の2乗に比例し，$x=4$ のとき $y=48$ である。このとき，次のように y を x の式で表した。□の中をうめなさい。　□各5点

y は x の2乗に比例するから，$y=ax^2$ ……① とおける。

$x=4$ のとき $y=48$ であるから，これらの値を①に代入すると

$48=$ □

よって，$a=$ □

したがって，$y=$ □

3 次の問いに答えなさい。 各10点

(1) y は x の2乗に比例し，$x=2$ のとき $y=12$ である。y を x の式で表しなさい。

ヒント 最初に，$y=ax^2$ とおく。

[　　　　　]

(2) y は x の2乗に比例し，$x=4$ のとき $y=8$ である。y を x の式で表しなさい。

[　　　　　]

(3) y は x の2乗に比例し，$x=-1$ のとき $y=5$ である。y を x の式で表しなさい。

[　　　　　]

(4) y は x の2乗に比例し，$x=3$ のとき $y=-81$ である。y を x の式で表しなさい。

[　　　　　]

Memo 覚えておこう

● y が x の2乗に比例する関数の式の求め方

① $y=ax^2$ とおく。

② x，y の値を代入して，a の値を求める。

4 y は x の2乗に比例し，$x=6$ のとき $y=-9$ である。次の問いに答えなさい。

(1) 8点 (2) 7点

(1) y を x の式で表しなさい。

[　　　　　]

(2) $x=4$ のときの y の値を求めなさい。

[　　　　　]

51 2乗に比例する関数③

 月　日   点

答えは別冊29ページ

1 関数 $y=2x^2$ について，次の問いに答えなさい。　各5点

(1) 下の表を完成させなさい。

x	1	2	3	4	5	6
y						

(2) x の値が2倍になると，y の値は何倍になるか求めなさい。

[　　　　]

(3) x の値が3倍になると，y の値は何倍になるか求めなさい。

[　　　　]

(4) x の値が4倍になると，y の値は何倍になるか求めなさい。

[　　　　]

2 関数 $y=-\frac{1}{2}x^2$ について，次の問いに答えなさい。　

(1) 下の表を完成させなさい。

x	1	2	3	4	5	6
y						

(2) x の値が2倍になると，y の値は何倍になるか求めなさい。

[　　　　]

(3) x の値が3倍になると，y の値は何倍になるか求めなさい。

[　　　　]

(4) x の値が4倍になると，y の値は何倍になるか求めなさい。

[　　　　]

Memo 覚えておこう

●関数 $y=ax^2$ の特徴（とくちょう）

x の値が2倍，3倍，4倍，……，n 倍になると，
y の値は 2^2 倍，3^2 倍，4^2 倍，……，n^2 倍になる。

3 底面の1辺が x cmの正方形で，高さが6 cmの直方体の体積を y cm^3 とする。次の問いに答えなさい。 (1)，(2) 各10点 (3)，(4) 各5点

(1) 下の表を完成させなさい。

x	1	2	3	4
y				

6cm
$x$cm
$x$cm

(2) y を x の式で表しなさい。

[　　　　]

(3) $x=10$ のときの y の値を求めなさい。

[　　　　]

(4) x の値が2倍になると，y の値は何倍になるか求めなさい。

[　　　　]

4 自動車がブレーキをかけて，ブレーキがきき始めてから停止するまでに進む距離を制動距離という。制動距離は，およそ速さの2乗に比例することがわかっている。時速20kmのときの制動距離を2mとするとき，次の問いに答えなさい。 各10点

(1) 時速 x kmのときの制動距離を y mとして，y を x の式で表しなさい。

ヒント $y=ax^2$ とおく。

[　　　　]

(2) 時速40kmのときの制動距離を求めなさい。

[　　　　]

(3) 時速50kmのときの制動距離を求めなさい。

[　　　　]

52 $y=x^2$ のグラフ

答えは別冊30ページ

1 関数 $y=x^2$ のグラフについて，次の問いに答えなさい。 …… 各10点

(1) 下の表を完成させなさい。

x	-3	-2.5	-2	-1.5	-1	-0.5	0	0.5	1	1.5	2	2.5	3
y													

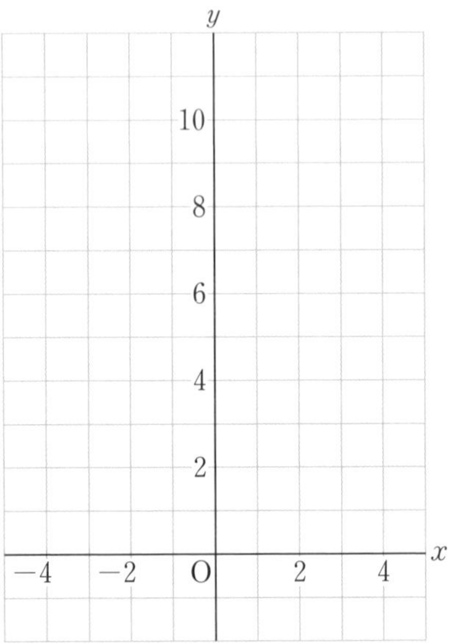

(2) (1)で求めた x，y の値の組を座標とする点を，右の座標平面上にとりなさい。

(3) (2)でとった点をなめらかな曲線で結び，$y=x^2$ のグラフを完成させなさい。

2 **1**の $y=x^2$ のグラフの特徴(とくちょう)について正しいものをすべて選び，記号で答えなさい。 …… 10点

ア　直線である。

イ　曲線である。

ウ　原点を通る。

エ　x 軸(じく)について対称(たいしょう)である。

オ　y 軸について対称である。

カ　つねに，$y \geqq 0$ である。

キ　つねに，$y \leqq 0$ である。

[　　　　　　　]

Memo 覚えておこう

$y=x^2$ のグラフの特徴

- **原点を通る。**
- **放物線とよばれるなめらかな曲線である。**
- **y 軸について対称である。**
- **つねに，$y \geqq 0$ である。**

3 $-1 \leqq x \leqq 1$ の範囲(はんい)で，$y=x^2$ のグラフをかく。次の問いに答えなさい。 各10点

(1) 下の表を完成させなさい。

x	-1	-0.8	-0.6	-0.4
y				

-0.2	0	0.2	0.4

0.6	0.8	1

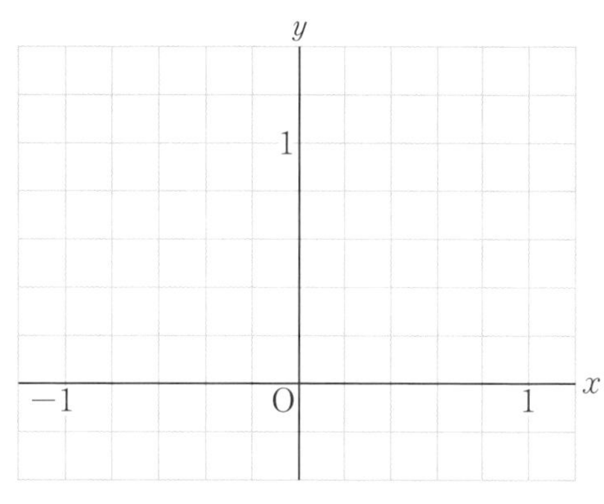

(2) (1)で求めた x，y の値の組を座標とする点を，上の座標平面上にとりなさい。

(3) (2)でとった点をなめらかな曲線で結び，$y=x^2$ のグラフを完成させなさい。

4 次の文は，$y=x^2$ のグラフの特徴について述べたものである。□にあてはまることばを書き入れなさい。 □各5点

① □とよばれるなめらかな曲線である。

② □を通り，x 軸の□側には出ない。

③ □について対称である。

④ $x<0$ の範囲では，x の値が増加すると y の値は□する。$x>0$ の範囲では，x の値が増加すると y の値は□する。

53 $y=ax^2$ のグラフ①

月　日　点　答えは別冊30ページ

1 関数 $y=2x^2$, $y=\frac{1}{2}x^2$ のグラフをかく。次の問いに答えなさい。

(1), (2) 各10点　グラフ 各10点

(1) 関数 $y=2x^2$ について，下の表を完成させなさい。

x	-2	-1.5	-1	-0.5	0	0.5	1	1.5	2
y									

(2) 関数 $y=\frac{1}{2}x^2$ について，下の表を完成させなさい。

x	-4	-3	-2	-1	0	1	2	3	4
y									

(3) 関数 $y=x^2$ のグラフを参考に，左側の座標平面上に関数 $y=2x^2$ のグラフを，右側の座標平面上に関数 $y=\frac{1}{2}x^2$ のグラフをそれぞれかきなさい。

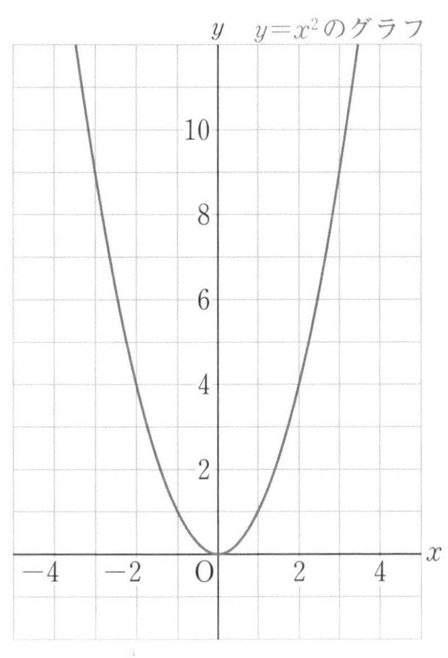

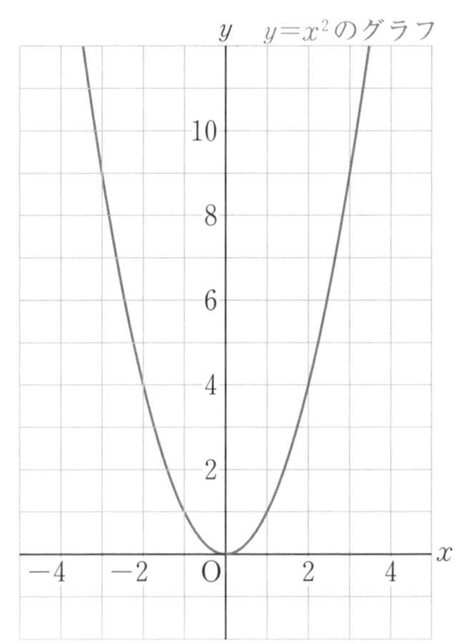

2 次の関数のグラフを，右の座標平面上にかきなさい(必要ならば，それぞれ下の表を利用しなさい)。 …… 各10点

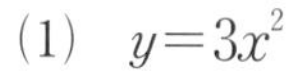

(1) $y=3x^2$

x					
y					

(2) $y=\frac{1}{3}x^2$

x					
y					

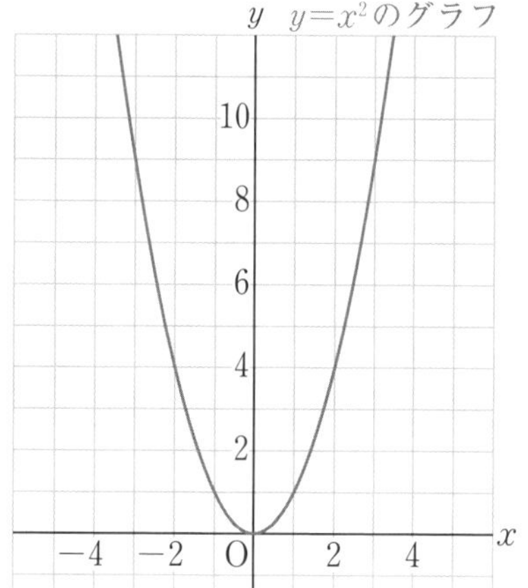

3 関数 $y=ax^2$ のグラフが点(2，16)を通るとき，a の値を求めなさい。 …… 10点

ヒント $y=ax^2$ に，$x=2$，$y=16$ を代入する。

[　　　　]

4 右の図の(1)〜(3)は，y が x の2乗に比例する関数のグラフである。それぞれのグラフの式を求めなさい。 …… 各10点

(1) ヒント 点(2，6)を通る。

[　　　　]

(2) ヒント 点(1，1)を通る。

[　　　　]

(3) ヒント 点(4，4)を通る。

[　　　　]

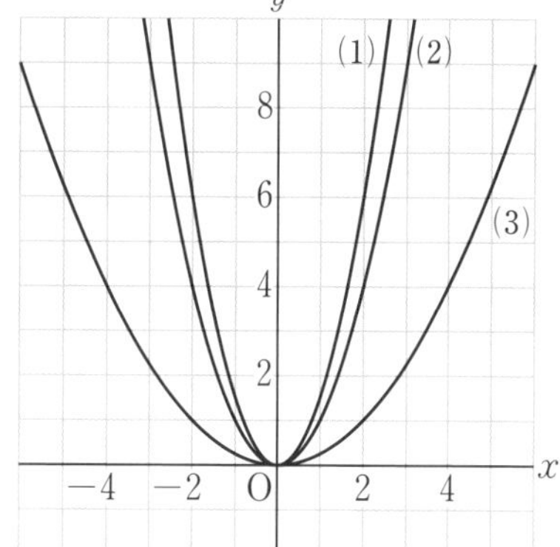

54 $y=ax^2$ のグラフ②

 月 日  点 答えは別冊31ページ

1 右の図は，関数 $y=\frac{1}{2}x^2$ のグラフである。次の問いに答えなさい。

(1)，(2)，(4)，(5) 各7点 (3)□ 各7点

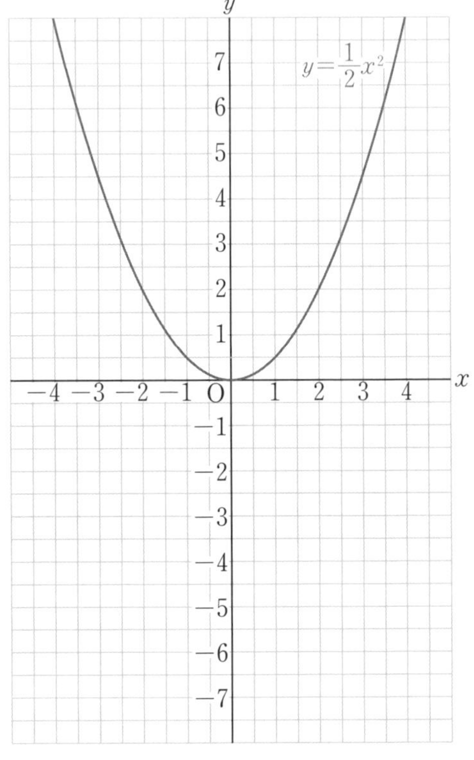

(1) 関数 $y=\frac{1}{2}x^2$ について，下の表を完成させなさい。

x	-4	-2	0	2	4
y					

(2) 関数 $y=-\frac{1}{2}x^2$ について，下の表を完成させなさい。

x	-4	-2	0	2	4
y					

(3) (1)，(2)からわかることについて，次の□にあてはまることばを書き入れなさい。

$y=\frac{1}{2}x^2$ と $y=-\frac{1}{2}x^2$ を比べると，x のどの値についても，それに対応する y の値は，絶対値が等しく□が反対である。したがって，$y=\frac{1}{2}x^2$ のグラフと $y=-\frac{1}{2}x^2$ のグラフは，□について対称（たいしょう）である。

(4) $y=\frac{1}{2}x^2$ のグラフを利用して，$y=-\frac{1}{2}x^2$ のグラフを上の座標平面上にかきなさい。

(5) x 軸（じく）について，$y=2x^2$ のグラフと対称なグラフの式を求めなさい。

[　　　　　]

ポイント

$a>0$ のとき，$y=ax^2$ のグラフは，つねに $y\geqq0$ となる。
$a<0$ のとき，$y=ax^2$ のグラフは，つねに $y\leqq0$ となる。

Memo 覚えておこう

● **$y=ax^2$ のグラフの特徴**

- **原点を通る放物線**
- **y 軸について対称**
- **$a>0$ のとき，上に開いた形**
  $a<0$ のとき，下に開いた形
  a の絶対値が大きいほど，グラフの開き方は小さい。

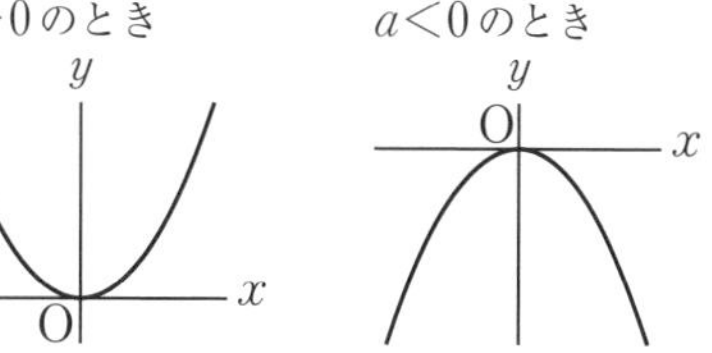

2 次の問いに答えなさい。 各10点

(1) y が x の2乗に比例し，その関数のグラフが点(6, −12)を通るとき，y を x の式で表しなさい。

ヒント $y=ax^2$ とおく。

[　　　　　]

(2) y が x の2乗に比例し，その関数のグラフが点(−2, −6)を通るとき，y を x の式で表しなさい。

[　　　　　]

(3) x 軸について，関数 $y=4x^2$ のグラフと対称なグラフの式を求めなさい。

[　　　　　]

3 右の図の①〜④は，下のア〜エの関数のグラフをそれぞれ示したものである。①〜④は，それぞれどの関数のグラフか記号で答えなさい。 各7点

ア　$y=x^2$　　イ　$y=-x^2$

ウ　$y=\frac{1}{3}x^2$　　エ　$y=2x^2$

① [　　　　]

② [　　　　]

③ [　　　　]

④ [　　　　]

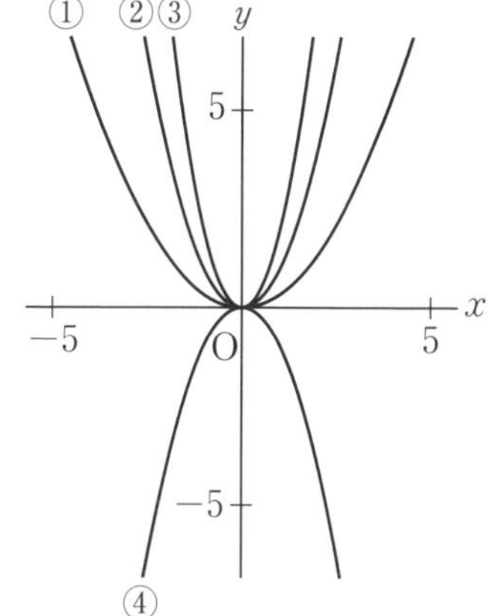

55 $y=ax^2$ のグラフと変域

月　　日　　点　　答えは別冊31ページ

1 関数 $y=x^2$ について，次の問いに答えなさい。

(1)，(2)，(4) 各10点　(3)□ 各4点

(1) 下の表を完成させなさい。

x	-1	0	1	2	3
y					

(2) $-1 \leqq x \leqq 3$ の範囲（はんい）で，関数 $y=x^2$ のグラフをかきなさい。

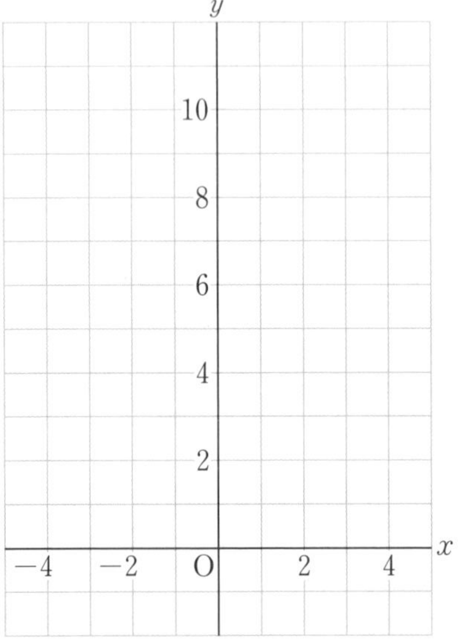

(3) 次の□にあてはまる数を書き入れなさい。

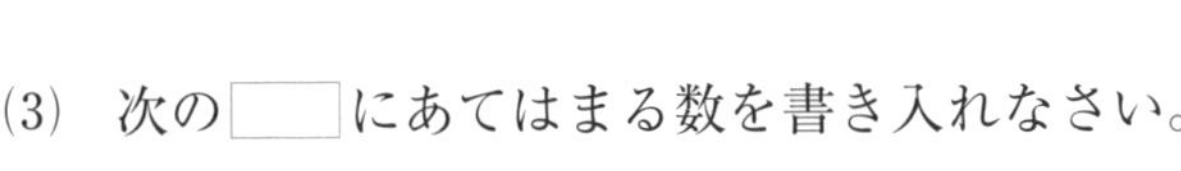

右の図より

①$x=-1$ のとき $y=$□

②$x=0$ のとき $y=$□

③$x=3$ のとき $y=$□

したがって，x の変域が $-1 \leqq x \leqq 3$ のとき，y の最大値は□，y の最小値は□である。

(4) x の変域が $-1 \leqq x \leqq 3$ のときの y の変域を求めなさい。

注意　$1 \leqq y \leqq 9$ とミスしやすい。

[　　　　　　　　]

ポイント

y の変域を求める問題では，計算のみで求めようとするとミスしやすいので，グラフを使って考えるとよい。

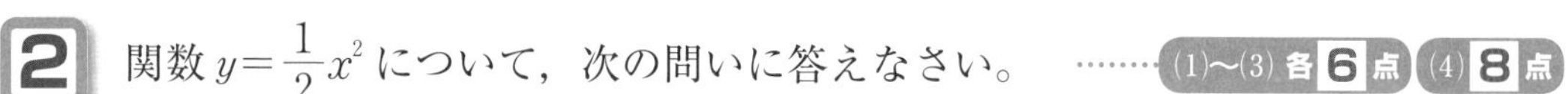

2 関数 $y=\frac{1}{2}x^2$ について，次の問いに答えなさい。……(1)〜(3) 各 6 点 (4) 8 点

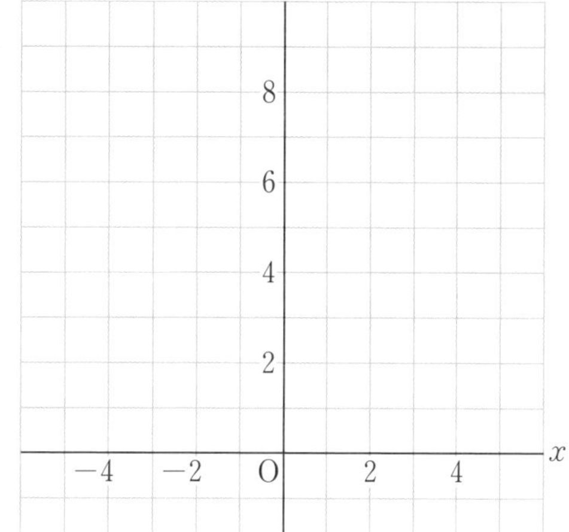

(1) $x=-2$ のときの y の値を求めなさい。

[　　　　]

(2) $x=4$ のときの y の値を求めなさい。

[　　　　]

(3) $-2 \leqq x \leqq 4$ の範囲で，関数 $y=\frac{1}{2}x^2$ のグラフをかきなさい。

(4) x の変域が $-2 \leqq x \leqq 4$ のときの y の変域を求めなさい。

[　　　　]

3 次の問いに答えなさい。……各 6 点

(1) 関数 $y=2x^2$ について，x の変域が $1 \leqq x \leqq 5$ のときの y の変域を求めなさい。

[　　　　]

(2) 関数 $y=-x^2$ について，x の変域が $-5 \leqq x \leqq -3$ のときの y の変域を求めなさい。

[　　　　]

(3) 関数 $y=3x^2$ について，x の変域が $-3 \leqq x \leqq 1$ のときの y の変域を求めなさい。

[　　　　]

(4) 関数 $y=-3x^2$ について，x の変域が $-2 \leqq x \leqq 6$ のときの y の変域を求めなさい。

[　　　　]

56 変化の割合①

月　日　点　答えは別冊32ページ

1 下の表は，関数 $y=x^2$ についての x と y の関係を表している。次の問いに答えなさい。 各5点

x	-3	-2	-1	0	1	2	3
y	9	4	1	0	1	4	9

(1) x の値が 0 から 2 まで増加するときの x の増加量を求めなさい。

[　　　]

(2) x の値が 0 から 2 まで増加するときの y の増加量を求めなさい。

[　　　]

(3) x の値が 0 から 2 まで増加するときの変化の割合を求めなさい。

[　　　]

Memo 覚えておこう

変化の割合＝$\dfrac{y\text{の増加量}}{x\text{の増加量}}$

(4) x の値が 0 から 4 まで増加するときの変化の割合を求めなさい。

[　　　]

2 関数 $y=2x^2$ について，次の問いに答えなさい。 各10点

(1) x の値が 1 から 3 まで増加するときの変化の割合を求めなさい。

[　　　]

(2) x の値が 3 から 5 まで増加するときの変化の割合を求めなさい。

[　　　]

3 関数 $y=\frac{1}{2}x^2$ について，次の問いに答えなさい。 ……(1) 4点 (2)，(3) 各8点

(1) $x=-2$ のときの y の値を求めなさい。

[　　　　]

(2) x の値が -2 から 0 まで増加するときの変化の割合を求めなさい。

[　　　　]

(3) x の値が 0 から 2 まで増加するときの変化の割合を求めなさい。

[　　　　]

4 次の関数について，x の値が 1 から 3 まで増加するときの変化の割合を求めなさい。 ……各10点

(1) $y=3x^2$

[　　　　]

(2) $y=-3x^2$

[　　　　]

ポイント

1次関数 $y=ax+b$ では，変化の割合はつねに一定で，その値は a であったが，y が x の2乗に比例する関数 $y=ax^2$ では，変化の割合は一定ではない。

5 関数 $y=x^2$ のグラフ上の2点A(1，1)，B(4，16)について，次の問いに答えなさい。 ……各10点

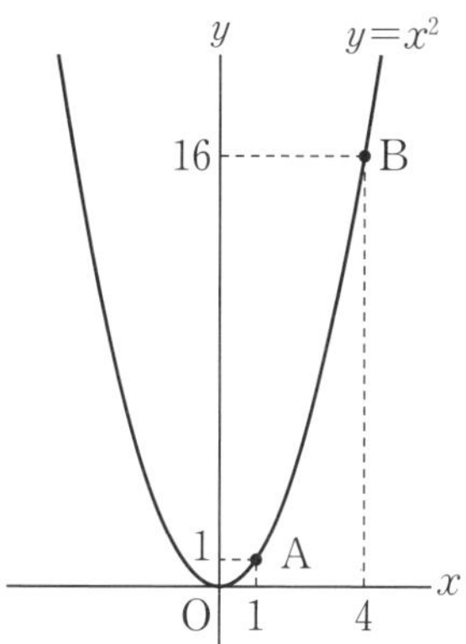

(1) x の値が 1 から 4 まで増加するときの変化の割合を求めなさい。

[　　　　]

(2) 直線ABの傾き（かたむ）きを求めなさい。

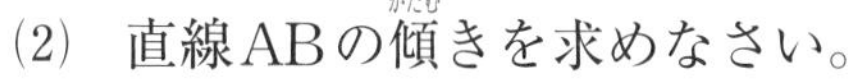
ヒント 変化の割合は，2点を結ぶ直線の傾きに等しい。

[　　　　]

57 変化の割合②

月　日　点　答えは別冊32ページ

1 関数 $y=ax^2$ について，次の問いに答えなさい。 各5点

(1) $x=2$ のときの y の値を a を使って表しなさい。

[　　　]

(2) $x=4$ のときの y の値を a を使って表しなさい。

[　　　]

(3) x の値が 2 から 4 まで増加するときの y の増加量を a を使って表しなさい。

[　　　]

(4) x の値が 2 から 4 まで増加するときの変化の割合を a を使って表しなさい。

[　　　]

(5) x の値が 2 から 4 まで増加するときの変化の割合が12であるとき，a の値を求めなさい。

[　　　]

2 関数 $y=ax^2$ について，x の値が 0 から 3 まで増加するときの変化の割合が 3 である。次の問いに答えなさい。 各5点

(1) x の値が 0 から 3 まで増加するときの変化の割合を a を使って表しなさい。

[　　　]

(2) a の値を求めなさい。

[　　　]

(3) (2)のとき，x の値が -3 から 0 まで増加するときの変化の割合を求めなさい。

[　　　]

3 次の問いに答えなさい。 各10点

(1) 関数 $y=ax^2$ について，x の値が3から5まで増加するときの変化の割合は8である。a の値を求めなさい。

[　　　　]

(2) 関数 $y=ax^2$ について，x の値が -4 から -1 まで増加するときの変化の割合は -30 である。a の値を求めなさい。

[　　　　]

4 ある斜面(しゃめん)上をボールが転がるとき，ボールが転がり始めてから x 秒間に転がる距離(きょり)を y mとすると，x と y の間には，およそ $y=2x^2$ という関係がある。次の問いに答えなさい。 各10点

(1) 下の表を完成させなさい。

x (秒)	0	1	2	3	4	5	6
y (m)							

(2) ボールが転がり始めて1秒後から4秒後までの間に転がる距離を求めなさい。

[　　　　]

(3) ボールが転がり始めて1秒後から4秒後までの間の平均の速さを求めなさい。

[　　　　]

ポイント

$$\text{平均の速さ}=\frac{\text{移動した距離}}{\text{移動した時間}}$$

(4) ボールが転がり始めて4秒後から6秒後までの間の平均の速さを求めなさい。

[　　　　]

58 放物線と直線

月　日　点　答えは別冊33ページ

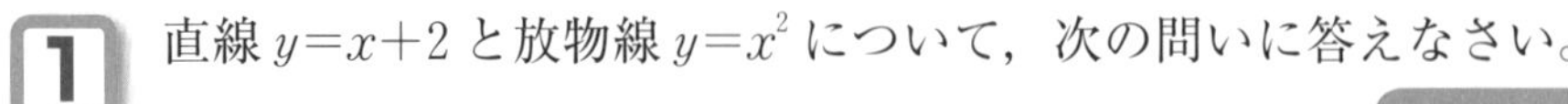

1 直線 $y=x+2$ と放物線 $y=x^2$ について，次の問いに答えなさい。

(1)，(3) 各6点　(2) 各6点

(1) 直線 $y=x+2$ と放物線 $y=x^2$ のグラフをかきなさい。

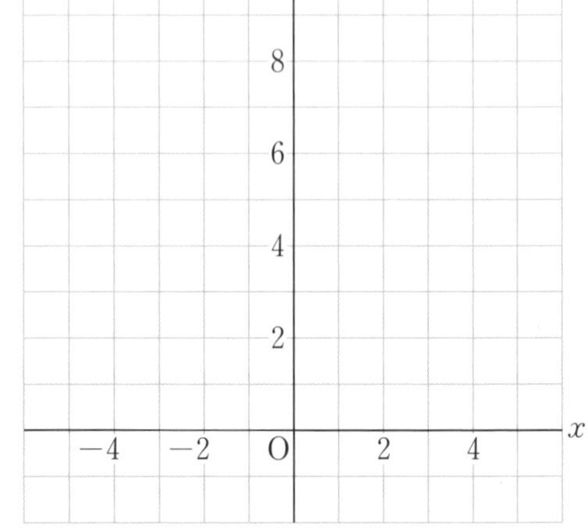

(2) 直線 $y=x+2$ と放物線 $y=x^2$ の交点を x 座標の小さいほうから，A，Bとするとき，A，Bの座標を求めなさい。

A [　　　　　　]

B [　　　　　　]

(3) 放物線 $y=x^2$ のグラフ上の点で，x 座標が -2 である点をC，x 座標が3である点をDとするとき，直線CDの式を求めなさい。

ヒント 右のグラフに，点C，Dをとり，グラフから求める。

[　　　　　　]

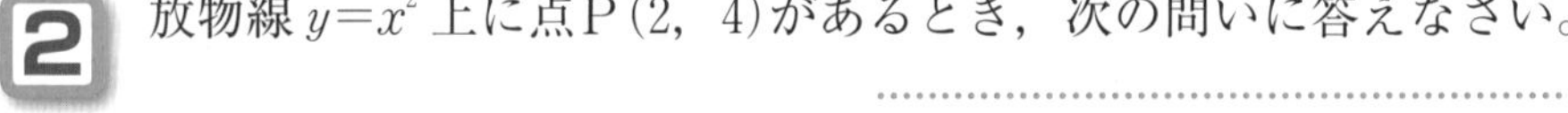

2 放物線 $y=x^2$ 上に点P(2，4)があるとき，次の問いに答えなさい。

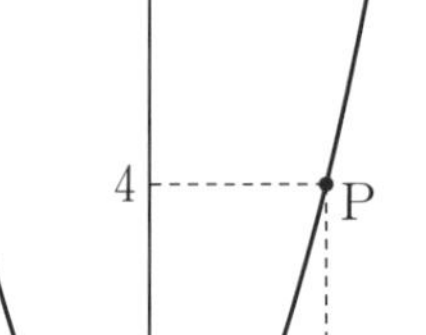

各6点

(1) 点Pから x 軸(じく)に垂線PQをひくとき，点Qの座標を求めなさい。

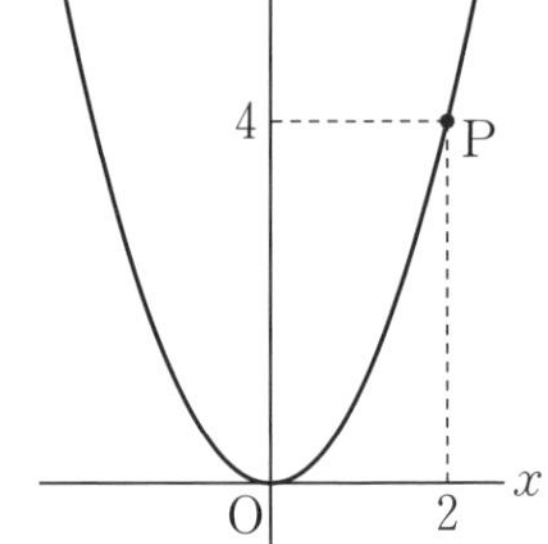

[　　　　　　]

(2) △OPQの面積を求めなさい。ただし，座標の1目盛りを1cmとする。

[　　　　　　]

3 2点A，Bは放物線 $y=\frac{1}{2}x^2$ と直線 $y=x+b$ の交点で，点A，Bの x 座標はそれぞれ -2，4である。次の問いに答えなさい。

(1) 点A，Bの座標を求めなさい。

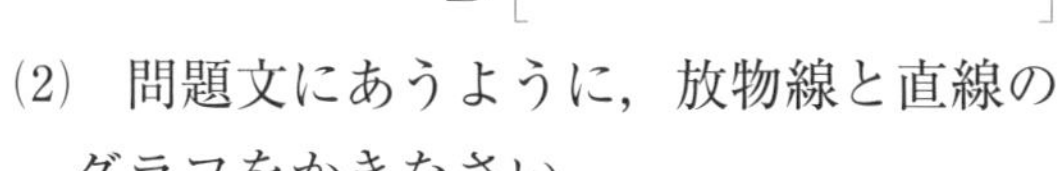

A [　　　　　]

B [　　　　　]

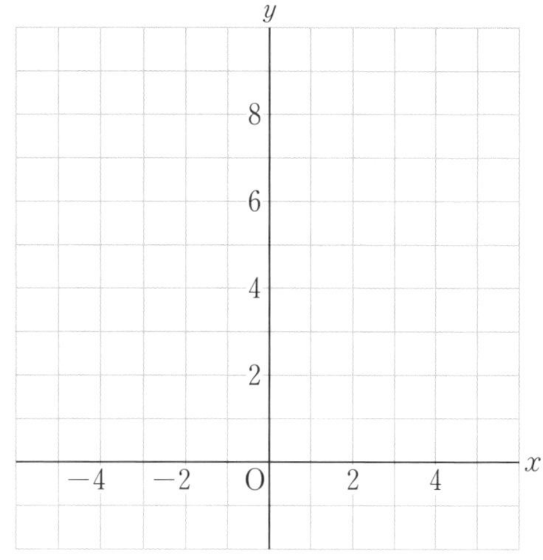

(2) 問題文にあうように，放物線と直線のグラフをかきなさい。

(3) b の値を求めなさい。

[　　　　　]

(4) △AOBの面積を求めなさい。ただし，座標の1目盛りを1cmとする。

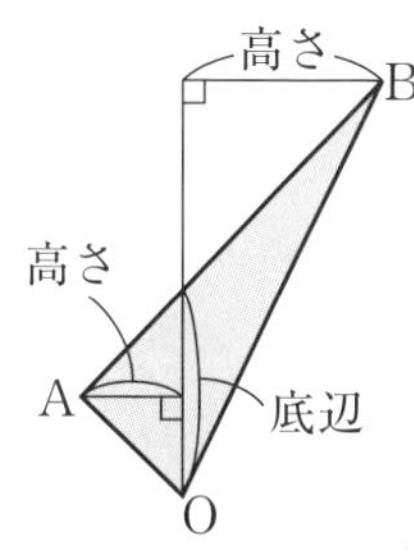

[　　　　　]

ヒント △AOBを図のように，2つの三角形に分けて計算するとよい。

4 右の図は，関数 $y=ax^2$ と $y=-x+3$ のグラフで，その交点をA，Bとする。点A，Bの x 座標がそれぞれ -6，2であるとき，次の問いに答えなさい。

各8点

(1) 点Aの座標を求めなさい。

[　　　　　]

(2) a の値を求めなさい。

[　　　　　]

(3) △AOBの面積を求めなさい。ただし，座標の1目盛りを1cmとする。

[　　　　　]

59 いろいろな関数

1 次の x と y の関係の中で，y が x の関数であるものをすべて選び，記号で答えなさい。 **15点**

ア　ある整数 x に対する絶対値 y

イ　東京駅から x km離(はな)れた地点の気温 y ℃

ウ　1辺が x cmの立方体の体積 y cm^3

エ　x cmのひもでつくることができる長方形の面積 y cm^2

オ　身長 x cmの人の体重 y kg

[　　　　　　　　　　]

2 右の表は，ある鉄道の乗車距離(きょり)と運賃の関係を表している。乗車距離を x km，運賃を y 円として，次の問いに答えなさい。 (1) **5点** (2) **20点**

運賃表

乗車距離	運賃
3 kmまで	150円
6 kmまで	170円
10 kmまで	180円
15 kmまで	210円
20 kmまで	300円

(1)　y は x の関数であるといえるか答えなさい。

[　　　　　　　　　　]

(2)　x と y の関係を表すグラフの続きをかき，グラフを完成させなさい。

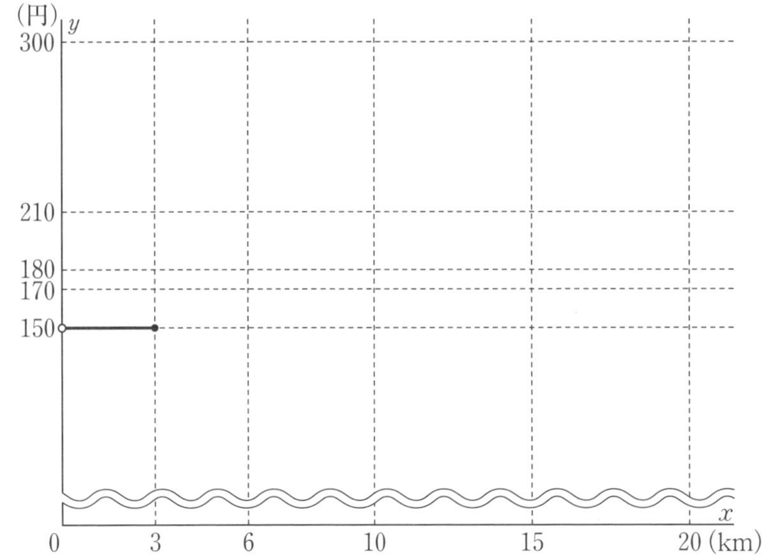

3 xの小数部分を切り捨てた数をyとすると，yはxの関数になる。
$0 \leqq x < 5$におけるこの関数のグラフをかきなさい。 …… **20点**

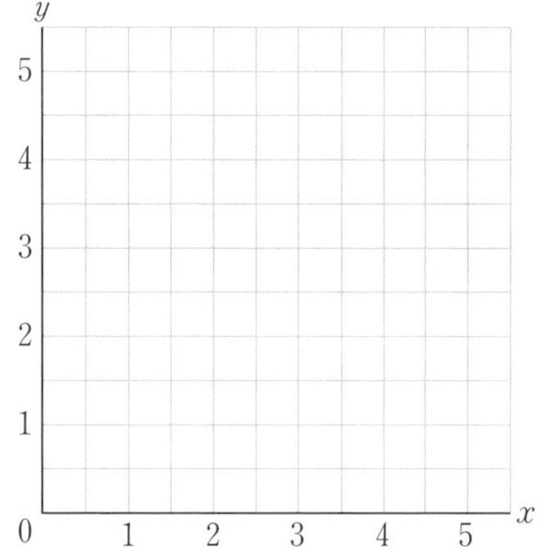

4 ある地域内で，品物を箱に入れて発送するとき，ある運送会社では，箱の縦，横，高さの合計によって，下の表のように料金が決まるという。箱の縦，横，高さの合計をx cm，料金をy円とすると，yはxの関数となる。xとyの関係をグラフで表しなさい。 …… **20点**

長さの合計	料金
60 cmまで	700円
80 cmまで	900円
100 cmまで	1100円
120 cmまで	1300円
140 cmまで	1500円
160 cmまで	1700円
180 cmまで	1900円

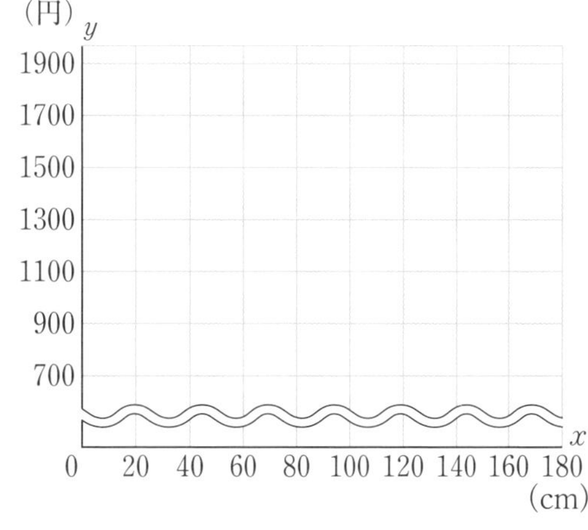

5 放射性物質は，放射線を出して別の物質に変わるので，時間が経つと，その量は減っていく。ナトリウム24という物質は，15時間でもとの量の半分になる。今，ナトリウム24が200あるとして，x時間後のナトリウム24の量をyとすると，yはxの関数になる。x，yの値を組とする座標の点をとりなさい。 …… **20点**

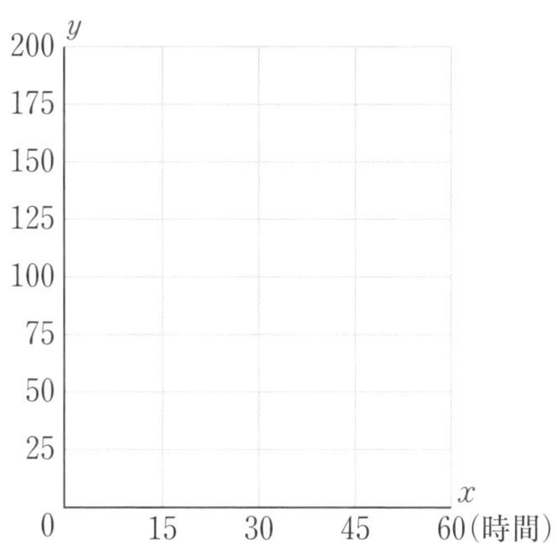

60 関数のまとめ

答えは別冊34ページ

1 次の問い に答えなさい。 各7点

(1) 物体を高い所から自然に落とすとき，落下する距離(きょり) y m は落下する時間 x 秒の 2 乗に比例し，$x=3$ のとき $y=44.1$ である。y を x の式で表しなさい。

[　　　　　　]

(2) 原点を頂点とし，点(2, 12)を通る放物線がある。この放物線の式を求めなさい。

[　　　　　　]

(3) 関数 $y=ax^2$ について，x の値が 2 から 4 まで増加するときの変化の割合は 2 である。このとき，a の値を求めなさい。

[　　　　　　]

2 右の図の①～③のグラフは放物線である。次の問いに答えなさい。 各7点

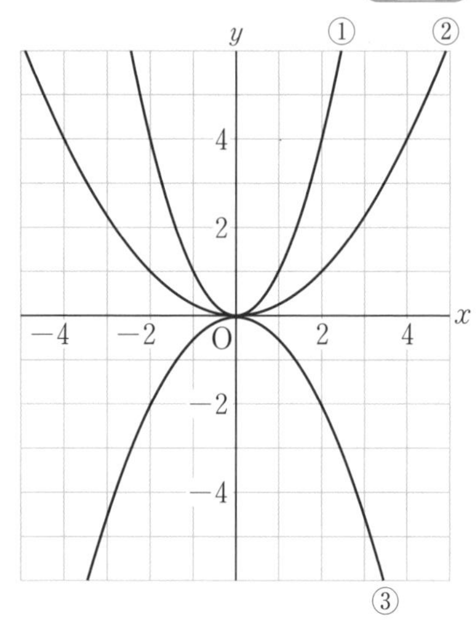

(1) ①のグラフの式を求めなさい。

[　　　　　　]

(2) ②のグラフの式を求めなさい。

[　　　　　　]

(3) ③のグラフの式を求めなさい。

[　　　　　　]

(4) ②のグラフについて，x の変域が $-1 \leqq x \leqq 3$ のときの y の変域を求めなさい。

[　　　　　　]

(5) ③のグラフについて，x の変域が $-4 \leqq x \leqq 2$ のときの y の変域を求めなさい。

[　　　　　　]

3 右の図のように，関数 $y=x^2$ のグラフ上に2点A，Bをとる。点A，Bの x 座標がそれぞれ -1，3であるとき，次の問いに答えなさい。……… 各**7**点

(1) 点Aの座標を求めなさい。

[　　　　　　]

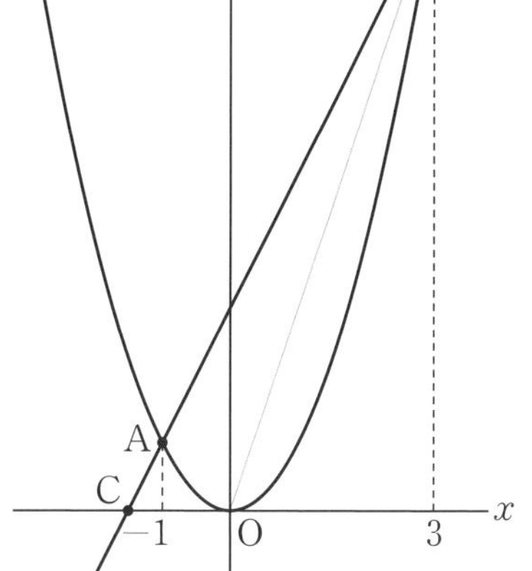

(2) 点Bの座標を求めなさい。

[　　　　　　]

(3) 2点A，Bを通る直線の式を求めなさい。

[　　　　　　]

(4) (3)の直線と x 軸(じく)の交点をCとするとき，点Cの座標を求めなさい。

[　　　　　　]

(5) △BCOの面積を求めなさい。ただし，座標の1目盛りを1cmとする。

[　　　　　　]

4 下の表は，ある鉄道の乗車距離と運賃の関係を表している。乗車距離を x km，運賃を y 円とすると，y は x の関数になる。x と y の関係をグラフで表しなさい。……… **9**点

運賃表

乗車距離	運賃
3kmまで	140円
6kmまで	180円
10kmまで	190円
15kmまで	230円
20kmまで	320円

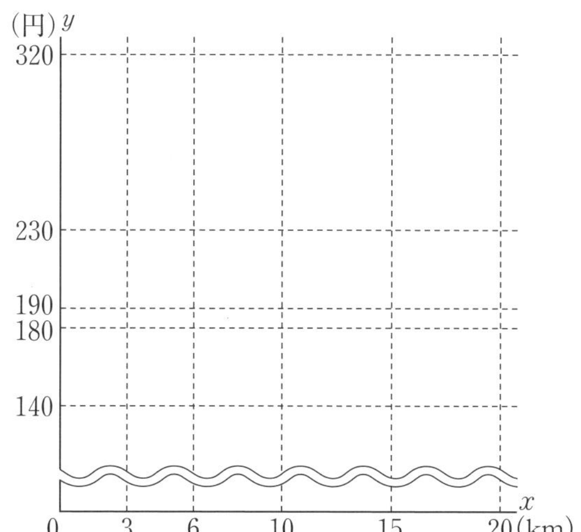

61 中学計算・関数の復習①

 月　日   点　答えは別冊35ページ

 次の計算をしなさい。　各5点

(1) $9a(3a-1)-4(2-a)$

$=$

(2) $(-12a^2b-24ab)\div(-6ab)$

$=$

(3) $3\sqrt{12}+2\sqrt{27}-2\sqrt{48}$

$=$

(4) $\dfrac{3\sqrt{5}}{2}-\sqrt{20}+\sqrt{\dfrac{125}{4}}$

$=$

 次の計算をしなさい。　各5点

(1) $(x+7)^2$

$=$

(2) $(x-4)(x-9)$

$=$

(3) $-3(x-y)^2+4\left(x+\dfrac{3}{2}y\right)\left(x-\dfrac{3}{2}y\right)$

$=$

3 次の式を因数分解しなさい。　

(1) $x^2+2x-35$

$=$

(2) x^2-49y^2

$=$

(3) $5x^2-30x+45$

$=$

(4) $4x^3y-25xy^3$

$=$

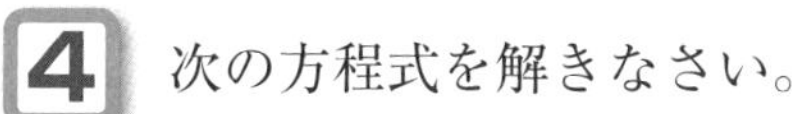

4 次の方程式を解きなさい。 

各5点

(1) $4x+7=3+2x$

(2) $2(x-3)=3(x-2)-8$

(3) $1.2(3x-2)=2.4x-3.6$

(4) $3-\frac{5+x}{4}=\frac{x}{3}$

5 次の比例式を解きなさい。 

各5点

(1) $12:18=x:6$

(2) $10:(x+2)=5:8$

6 次の連立方程式を解きなさい。 

各5点

(1) $\begin{cases} 9x+y=10 \\ y=3x-2 \end{cases}$

(2) $\begin{cases} 2x-\frac{y-1}{3}=5 \\ x+2y=11 \end{cases}$

7

ある自動販売機(はんばいき)には，１本120円の缶(かん)ジュースと１本150円のペットボトルのお茶の２種類がある。先月１か月間の売り上げ金額は16140円で，売れた缶ジュースの数はペットボトルのお茶の数の２倍より24本多かったという。缶ジュースとペットボトルのお茶はそれぞれ何本売れたか求めなさい。 5点

[　　　　　　　　　　]

62 中学計算・関数の復習②

1 次の問いに答えなさい。 各5点

(1) 「画用紙が y 枚ある。この画用紙を1人に4枚ずつ x 人に配ると，2枚余る。」という数量の関係を等式で表しなさい。

[　　　　　　]

(2) 「1本90円の鉛筆（えんぴつ）を x 本買うと，代金は800円より安い。」という数量の関係を不等式で表しなさい。

[　　　　　　]

(3) グラフが2点(2，−3)，(4，−9)を通るような1次関数の式を求めなさい。

[　　　　　　]

(4) y が x の2乗に比例し，$x=-3$ のとき $y=6$ である。y を x の式で表しなさい。

[　　　　　　]

2 関数 $y=\frac{1}{2}x^2$ のグラフについて，次の問いに答えなさい。 各6点

(1) この関数のグラフをかきなさい。

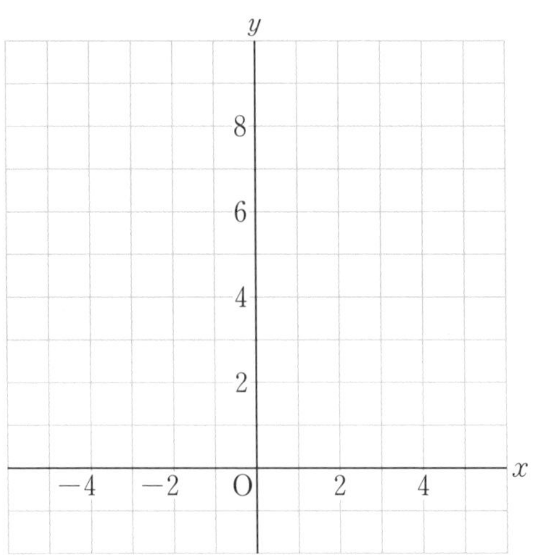

(2) x の値が1から4まで増加するときの変化の割合を求めなさい。

[　　　　　　]

(3) x の変域が $-4 \leqq x \leqq 2$ のときの y の変域を求めなさい。

[　　　　　　]

3 次の2次方程式を解きなさい。

(1) $x^2+13x+36=0$

(2) $-24x^2+81=0$

(3) $(3x+5)^2=9$

(4) $2x^2-4x-5=0$

4 連続する3つの正の偶数があり，もっとも大きい数ともっとも小さい数の積は，真ん中の数の7倍より4だけ大きい。この3つの偶数を求めなさい。

8点

[　　　　　　　　]

5 右の図のように，関数 $y=x^2$ と $y=x+6$ のグラフの交点を点A，Bとする。次の問いに答えなさい。

(1) 各10点　(2) 10点

(1) 点A，Bの座標を求めなさい。

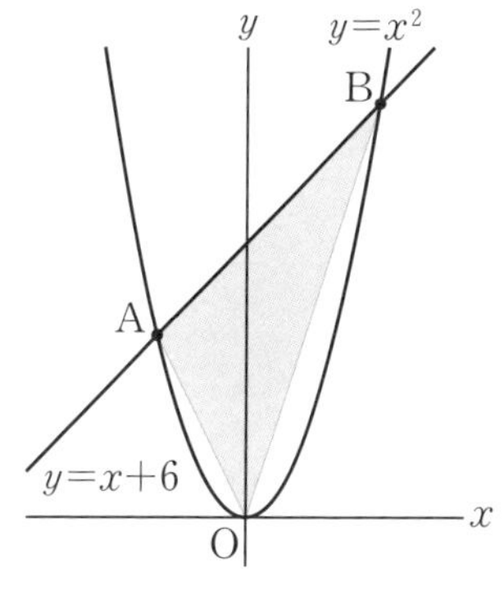

A[　　　　　　]

B[　　　　　　]

(2) △OABの面積を求めなさい。ただし，座標の1目盛りを1cmとする。

[　　　　　　]

「中学基礎100」アプリ テスト前 5科4択 で,

スキマ時間にもテスト対策!

問題集　　アプリ

\ 日常学習 テスト1週間前 /

『中学基礎がため100%』シリーズに取り組む!

\ 定期テスト直前! /

テスト必出問題を「4択問題アプリ」でチェック!

アプリの特長

『中学基礎がため100%』の5教科各単元にそれぞれ対応したコンテンツ!

＊ご購入の問題集に対応したコンテンツのみ使用できます。

テストに出る重要問題を4択問題でサクサク復習!

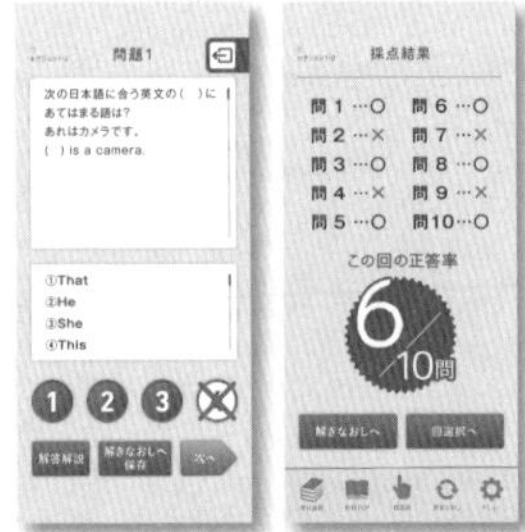

間違えた問題は「解きなおし」で,何度でもチャレンジ。テストまでに100点にしよう!

＊アプリのダウンロード方法は,本書のカバーそで(表紙を開いたところ),または1ページ目をご参照ください。

中学基礎がため100%

できた! 中3数学 計算・関数

2021年2月　第1版第1刷発行
2024年1月　第1版第5刷発行

発行人/志村直人
発行所/株式会社くもん出版
〒141-8488
東京都品川区東五反田2-10-2　東五反田スクエア11F
☎ 代表　03(6836)0301
編集直通　03(6836)0317
営業直通　03(6836)0305

印刷・製本/TOPPAN株式会社

デザイン/佐藤亜沙美(サトウサンカイ)
カバーイラスト/いつか
本文イラスト/平林知子
本文デザイン/岸野祐美・永見千春・池本円(京田クリエーション)・坂田良子
編集協力/株式会社カルチャー・プロ

ISBN 978-4-7743-3107-2

くもん出版ホームページ　https://www.kumonshuppan.com/

＊本書は『くもんの中学基礎がため100%　中3数学　計算・関数編』を改題し,新しい内容を加えて編集しました。

これだけは覚えておこう

―中3数学　計算・関数の要点のまとめ―

式の計算

① 多項式の計算

- $3a(a+4b)=3a^2+12ab$
- $(a+b)(c+d)=ac+ad+bc+bd$
- $(x+5)^2=x^2+10x+25$
- $(x-5)^2=x^2-10x+25$
- $(x+5)(x-5)=x^2-25$
- $(x+2)(x-5)=x^2-3x-10$

② 因数分解

- $ax+ay=a(x+y)$
- $(a+b)x+(a+b)y=(a+b)(x+y)$
- $x^2+6x+9=(x+3)^2$
- $x^2-6x+9=(x-3)^2$
- $x^2-9=(x+3)(x-3)$
- $x^2+4x+3=(x+3)(x+1)$

●展開の公式

$(a+b)^2=a^2+2ab+b^2$

$(a-b)^2=a^2-2ab+b^2$

$(a+b)(a-b)=a^2-b^2$

$(x+a)(x+b)=x^2+(a+b)x+ab$

・共通因数をくくり出す。

・公式を使って多項式の積の形にする。

$a^2+2ab+b^2=(a+b)^2$

$a^2-2ab+b^2=(a-b)^2$

$a^2-b^2=(a+b)(a-b)$

$x^2+(a+b)x+ab=(x+a)(x+b)$

平　方　根

① 平方根

$\sqrt{25}=5$，$-\sqrt{25}=-5$

25の平方根は，5と-5

② 平方根の計算

- $\sqrt{24}=\sqrt{4}\times\sqrt{6}=2\sqrt{6}$
- $\sqrt{3}\times\sqrt{2}=\sqrt{3\times2}=\sqrt{6}$
- $\sqrt{20}\times\sqrt{18}=2\sqrt{5}\times3\sqrt{2}=6\sqrt{10}$
- $\dfrac{\sqrt{30}}{\sqrt{6}}=\sqrt{\dfrac{30}{6}}=\sqrt{5}$
- $5\sqrt{3}+2\sqrt{3}=7\sqrt{3}$
- $\sqrt{18}+\sqrt{50}=3\sqrt{2}+5\sqrt{2}=8\sqrt{2}$
- $\sqrt{2}(\sqrt{5}+\sqrt{3})=\sqrt{10}+\sqrt{6}$
- $(\sqrt{7}-\sqrt{2})^2=(\sqrt{7})^2-2\times\sqrt{7}\times\sqrt{2}+(\sqrt{2})^2$
  $=7-2\sqrt{14}+2$
  $=9-2\sqrt{14}$

●平方根

2乗してaになる数は正と負の2つあり，それらをaの平方根という。

$a>0$，$b>0$のとき

$\sqrt{ab}=\sqrt{a}\sqrt{b}$

$\dfrac{\sqrt{a}}{\sqrt{b}}=\sqrt{\dfrac{a}{b}}$

$m\sqrt{a}+n\sqrt{a}=(m+n)\sqrt{a}$

←ていねいに引っぱってください。別冊解答になります。

中学基礎がため100%

できた！中3数学

計算・関数

別冊解答書

答えと考え方

1 多項式の計算① P.4-5

1 答 (1) $4a+12b$ (2) $-4a-12b$
(3) $4a^2-12ab$ (4) $-4a^2+12ab$
(5) $5x^2+15xy$
(6) $-2a^2+2ab+2ac$
(7) $-3x^2+6xy-15xz$
(8) $8a^2b-12ab^2+16ab$
(9) $6a^2b-12ab^2+30abc$
(10) $-6ab+15a$
(11) $-15a^2-20ab+10a$
(12) $a^2-3ab+2a$ (13) $6x^2y+9xy$
(14) $12ab-20b^2$

考え方
(11) 与式$=-5a(3a+4b-2)$
$=-15a^2-20ab+10a$

2 答 (1) $5x-2$ (2) $5x^2-2x$
(3) x^2-22x (4) x^2+8x
(5) $2x^2+3x-6$ (6) $2x^2+9$
(7) a^2-b^2 (8) $a^2-2ab+b^2$
(9) $5x^2-11x$ (10) $-10ab$
(11) $5x^2-3y^2$ (12) $45a^2+13a-12$
(13) a^2-2b^2 (14) $12a^2+ab+b^2$
(15) $-3a^2-4ab+7a$

考え方
(1) 与式$=3x-12+2x+10$
$=5x-2$
(2) 与式$=3x^2-12x+\boxed{2}x^2+\boxed{10}x$
$=5x^2-2x$
(3) 与式$=3x^2-12x-2x^2-10x$
$=x^2-22x$
(4) 与式$=2x^2+6x-x^2+2x$
$=x^2+8x$
(7) 与式$=a^2-ab+ab-b^2$
$=a^2-b^2$
(13) 与式$=ab-2b^2+a^2-ab$
$=a^2-2b^2$
(14) 与式$=12a^2+3ab-2ab+b^2$
$=12a^2+ab+b^2$
(15) 与式$=-2a^2-6ab+4a$
$+2ab-a^2+3a$
$=-3a^2-4ab+7a$

2 多項式の計算② P.6-7

1 答 (1) $4a-7$ (2) $3x-4$
(3) $4a^2-6a+3$ (4) $2a^2-3$
(5) $-2y+3x$ (6) $-3x+2$
(7) $b+\boxed{c}$ (8) $a+b$
(9) $a+2$ (10) $a+\boxed{1}$

考え方
(8) $\dfrac{a^2+ab}{a}=\dfrac{a^2}{a}+\dfrac{ab}{a}=a+b$
(9) $\dfrac{a^2+2a}{a}=\dfrac{a^2}{a}+\dfrac{2a}{a}=a+2$

2 答 (1) $b-c+1$ (2) $3x^2-x+1$
(3) $-x^2-x+1$ (4) $-2x^2+4x-3$
(5) $a+b$ (6) $b+1$
(7) $-3x+2y$ (8) $4a+7b$
(9) $-2a+b$ (10) $-5\ell+4m-2$

考え方
(1) 与式$=\dfrac{ab^2}{ab}-\dfrac{abc}{ab}+\dfrac{ab}{ab}$
$=b-c+1$
(3) 与式$=\dfrac{ax^2}{-a}+\dfrac{ax}{-a}-\dfrac{a}{-a}$
$=-x^2-x+1$
(6) 与式$=\dfrac{ab+a}{a}=b+1$
(7) 与式$=\dfrac{9ax-6ay}{-3a}$
$=-3x+2y$
(10) 与式$=\dfrac{15\ell^2m-12\ell m^2+6\ell m}{-3\ell m}$
$=-5\ell+4m-2$

3 多項式の計算③ P.8-9

1 答 (1) $ax+ay+\boxed{bx}+\boxed{by}$
(2) $8ax+6ay+12bx+\boxed{9by}$
(3) $6ax+4ay+9bx+6by$
(4) $6ax+4ay-3bx-2by$
(5) $2ax+3ay-2bx-3by$
(6) $8a^2+6ax-12ab-9bx$
(7) $8a^2-6ax-12ab+9bx$
(8) $6ax-4ay-3bx+2by$

2 答 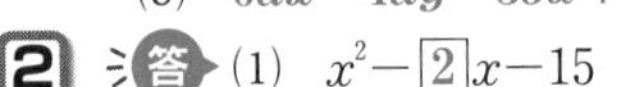
(1) $x^2-\boxed{2}x-15$
(2) $x^2+2x-15$ (3) $2x^2+3x-9$
(4) $6x^2-11x-10$ (5) $16x^2-49$

(6) $16x^2+56x+49$

(7) $2x^2+\boxed{9}xy+10y^2$

(8) $2x^2+xy-10y^2$

(9) $3x^2+5xy-12y^2$

(10) $3x^2-13xy+12y^2$

(11) $x^2+4xy+4y^2$

(12) $x^2+6xy+9y^2$

考え方

(2) 与式 $=x^2-3x+5x-15$
$=x^2+2x-15$

(3) 与式 $=2x^2+6x-3x-9$
$=2x^2+3x-9$

(5) 与式 $=16x^2-28x+28x-49$
$=16x^2-49$

(6) 与式 $=16x^2+28x+28x+49$
$=16x^2+56x+49$

(8) 与式 $=2x^2-4xy+5xy-10y^2$
$=2x^2+xy-10y^2$

(11) 与式 $=x^2+2xy+2xy+4y^2$
$=x^2+4xy+4y^2$

4 多項式の計算④ P.10-11

1 答 (1) $ax+ay+ac+bx+by+bc$

(2) $ax+ab+ac+4x+4b+4c$

(3) $x^3+\boxed{6}x^2+\boxed{11}x+12$

(4) $x^3-2x^2-5x-12$

(5) $2x^3-3x^2+4x+3$

(6) $3x^3-5x^2+7x+3$

(7) $2x^3+x^2-9$

(8) $2x^3+11x^2-25$

(9) $-6x^3+x^2+25$

(10) $2x^3-7x^2+9$

考え方

(4) 与式 $=x^3+2x^2+3x$
$-4x^2-8x-12$
$=x^3-2x^2-5x-12$

(5) 与式 $=2x^3-4x^2+6x$
$+x^2-2x+3$
$=2x^3-3x^2+4x+3$

(7) 与式 $=2x^3+4x^2+6x$
$-3x^2-6x-9$
$=2x^3+x^2-9$

(10) 与式 $=-4x^2+2x^3-6x$
$+6x-3x^2+9$
$=2x^3-7x^2+9$

2 答 (1) x^2-3x+5

(2) $3x^2-15x-4$

(3) $5x^2-6x-17$

(4) $4x^2-4y^2+17x-6$

(5) $5x^2-9x+16$

(6) $3x^2+21x+12$

(7) $7x^2-14x-23$

(8) $-7x^2+y^2+x-15$

考え方

(1) 与式
$=3x^2+6x-(2x^2-x+10x-5)$
$=3x^2+6x-2x^2+x-10x+5$
$=x^2-3x+5$

(2) 与式
$=6x^2-2x-(3x^2+12x+x+4)$
$=3x^2-15x-4$

(3) 与式 $=6x^2+2x-15x-5$
$-(x^2-4x-3x+12)$
$=5x^2-6x-17$

(4) 与式 $=3x^2+18x-x-6$
$+x^2+2xy-2xy-4y^2$
$=4x^2-4y^2+17x-6$

(5) 与式 $=6x^2-6x-4x+4$
$-(x^2-4x+3x-12)$
$=5x^2-9x+16$

(8) 与式 $=2x^2+6x-5x-15$
$-(9x^2+3xy-3xy-y^2)$
$=-7x^2+y^2+x-15$

5 多項式の計算⑤ P.12-13

1 答 (1) $x^2+10x+\boxed{25}$

(2) $x^2+\boxed{14}x+49$

(3) x^2+6x+9

(4) $x^2+16x+64$

(5) $a^2+2ax+x^2$

(6) $x^2+6xy+9y^2$

(7) $9x^2+12x+4$

(8) $9x^2+30xy+25y^2$

(9) $x^2-10x+\boxed{25}$

(10) $x^2-8x+16$

(11) $x^2-14x+49$

(12) $x^2-18x+81$

(13) $4x^2-12x+9$

(14) $x^2-4xy+4y^2$

(15) $4x^2-12xy+9y^2$

(16) $9x^2-24xy+16y^2$

考え方

(6) $(x+3y)^2$
$=x^2+2\times x\times 3y+(3y)^2$
$=x^2+6xy+9y^2$

(8) $(3x+5y)^2$
$=(3x)^2+2\times 3x\times 5y+(5y)^2$
$=9x^2+30xy+25y^2$

(13) $(2x-3)^2$
$=(2x)^2-2\times 2x\times 3+3^2$
$=4x^2-12x+9$

(15) $(2x-3y)^2$
$=(2x)^2-2\times 2x\times 3y+(3y)^2$
$=4x^2-12xy+9y^2$

2 答 (1)～(4) すべて，x^2-6x+9

(5) $x^2+10x+25$

(6) $9x^2+24xy+16y^2$

(7) $\frac{1}{4}x^2+\frac{1}{3}xy+\frac{1}{9}y^2$

(8) $\frac{1}{4}x^2-\frac{1}{6}xy+\frac{1}{36}y^2$

(9) $x^2-xy+\frac{1}{4}y^2$

(10) $\frac{4}{9}x^2-\frac{2}{3}xy+\frac{1}{4}y^2$

(11) $x^2y^2+\frac{2}{3}xy+\frac{1}{9}$

(12) $-12x^2+60x-\boxed{75}$

(13) $-48x^2+72xy-27y^2$

考え方

(3) $(-x+3)^2$
$=(-x)^2+2\times(-x)\times 3+3^2$
$=x^2-6x+9$

(8) $\left(\frac{x}{2}-\frac{y}{6}\right)^2$
$=\left(\frac{x}{2}\right)^2-2\times\frac{x}{2}\times\frac{y}{6}+\left(\frac{y}{6}\right)^2$
$=\frac{1}{4}x^2-\frac{1}{6}xy+\frac{1}{36}y^2$

(12) $-3(2x-5)^2$
$=-3(4x^2-20x+\boxed{25})$
$=-12x^2+60x-\boxed{75}$

6 多項式の計算⑥ P.14-15

1 答 (1) x^2-25 (2) $\boxed{4x^2}-9y^2$

(3) x^2-y^2 (4) $4x^2-9$

(5) x^2-4y^2 (6) $4-a^2$

(7) $25x^2-36y^2$ (8) x^2y^2-1

(9) a^2-36b^2 (10) $x^2-\frac{1}{9}$

(11) $x^2-\frac{4}{9}y^2$ (12) $\frac{4}{9}a^2-b^2$

(13) x^2-4 (14) $32x^2-18$

考え方

(11) 与式$=x^2-\left(\frac{2}{3}y\right)^2=x^2-\frac{4}{9}y^2$

(14) 与式$=2(16x^2-9)=32x^2-18$

2 答 (1) $x^2+8x+\boxed{15}$

(2) $x^2+5x-\boxed{14}$ (3) $x^2-\boxed{3}x-10$

(4) $x^2-\boxed{10}x+21$ (5) $x^2+11x+24$

(6) $x^2+4x-12$ (7) x^2-4x-5

(8) $x^2-8x+15$ (9) x^2+8x+7

(10) $x^2+4x-21$ (11) $x^2-2x-24$

(12) $x^2-9x+14$ (13) $a^2+9a+20$

(14) a^2+3a-4 (15) a^2-4a+3

(16) $a^2-7a+12$

(17) $2x^2-2x-12$

(18) $-3x^2+21x-36$

考え方

(17) 与式$=2(x^2-\boxed{x}-6)$
$=2x^2-2x-12$

(18) 与式$=-3(x^2-7x+12)$
$=-3x^2+21x-36$

7 多項式の計算⑦ P.16-17

1 答 (1) $x^2+8x+11$

(2) $2x^2-3x+3$ (3) x^2+2x+4

(4) $x^2-3x-12$ (5) x^2-2x-9

(6) $2x^2+22x-24$

考え方

(1) 与式$=x^2+6x+9+2x+2$
$=x^2+8x+11$

(2) 与式$=2(x^2-4x+4)+5x-5$
$=2x^2-8x+8+5x-5$
$=2x^2-3x+3$

考え方

(3) 与式$=x^2-4+2x+8$
$=x^2+2x+4$

(4) 与式$=x^2-9-3x-3$
$=x^2-3x-12$

(6) 与式$=2(x^2+5x-14)+12x+4$
$=2x^2+10x-28+12x+4$
$=2x^2+22x-24$

2 答 (1) $2x^2+10x+16$

(2) $2x^2-5x+31$　(3) $2x^2-8x$

(4) -16　(5) $-5x$

(6) $14x^2-6xy-4y^2$

(7) $8x^2-4xy-35y^2$

(8) $8x^2-16x-9$

考え方

(1) 与式$=x^2+10x+25+x^2-\boxed{9}$
$=2x^2+10x+16$

(3) 与式$=x^2-16+x^2-8x+16$
$=2x^2-8x$

(4) 与式
$=x^2+2x-15-(x^2+2x+1)$
$=-16$

(5) 与式$=x^2-36-(x^2+5x-36)$
$=-5x$

(6) 与式$=9x^2-6xy+y^2+5(x^2-y^2)$
$=14x^2-6xy-4y^2$

(7) 与式$=4(x^2-9y^2)$
$+4x^2-4xy+y^2$
$=8x^2-4xy-35y^2$

(8) 与式$=4x^2-25+4(x^2-4x+4)$
$=8x^2-16x-9$

8 多項式の計算のまとめ　P.18-19

1 答 (1) $2a^2-2ab-2ac$

(2) a^2-9ab

(3) $3a^2+9ab+6a$

(4) $-2x^2+3x+4$

考え方

(4) 与式$=\dfrac{6x^3}{-3x}-\dfrac{9x^2}{-3x}-\dfrac{12x}{-3x}$
$=-2x^2+3x+4$

2 答 (1) $6ax+4ay+9bx+6by$

(2) $6x^2-23xy+20y^2$

(3) x^3-2x^2-7x-4

(4) $2x^3-x^2-13x+5$

(5) $-3x+5$

(6) $x^2+11x+8$

考え方

(4) 与式$=-6x^2+2x^3+2x$
$-15x+5x^2+5$
$=2x^3-x^2-13x+5$

(6) 与式$=3x^2+15x+x+5$
$-(2x^2+6x-x-3)$
$=x^2+11x+8$

3 答 (1) $x^2-10x+25$

(2) $4x^2-9$

(3) $18x^2-32$

(4) $-36x^2+48xy-16y^2$

(5) $\dfrac{1}{4}x^2-3x+9$

(6) $\dfrac{4}{9}x^2-\dfrac{1}{4}y^2$

(7) $x^2+4x-21$

(8) $a^2-2a-24$

(9) $2x^2-4x-6$

(10) $-3x^2+24x-36$

(11) $5x+11$

(12) $-5x^2+18x+45$

考え方

(11) 与式$=x^2-25-(x^2-5x-36)$
$=5x+11$

(12) 与式$=3(x^2+6x+9)-2(4x^2-9)$
$=-5x^2+18x+45$

9 因数分解①　P.20-21

1 答 (1) $x(y+\boxed{z})$　(2) $x(5-\boxed{y})$

(3) $2x(y-4)$　(4) $x(a-b)$

(5) $a^2(\boxed{x}+\boxed{ay})$　(6) $x^5(ax^2+b)$

(7) $5x(\boxed{x^4}-\boxed{2})$　(8) $x^2y(\boxed{x}+\boxed{1})$

(9) $2x(a+1)$　(10) $4bx(a-1)$

(11) $y(3x-y)$　(12) $5xy(x-2y)$

考え方

共通因数をくくり出す。
(6) x^5が共通因数である。
(9) $2x$が共通因数である。
(10) $4bx$が共通因数である。
(12) $5xy$が共通因数である。

2 答 (1)　$3x(2x^2+1)$

(2)　$x^2(x+1)$

(3)　$a(\boxed{x}-\boxed{y}+\boxed{z})$

(4)　$a(2x-3y-z)$

(5)　$-4x(\boxed{2y}+\boxed{z})$

(6)　$-5x(x+3y+2z)$

(7)　$-x(3x-9y+2z)$

(8)　$5a(x^2-7y^2+9z^2)$

(9)　$-12a(3x^2-5y^2-7z^2)$

(10)　$xy(x+y+1)$

(11)　$x(x^2+x+1)$

(12)　$-xy^2z^3(xy^3z^5+3z^3-2x^4y^2)$

考え方
　共通因数はすべての項にふくまれていなければならないことに注意する。
(9)　$-12a$が共通因数である。
(12)　$-xy^2z^3$が共通因数である。

10 因数分解②　P.22-23

1 答 (1)　$(x+2)(x+\boxed{3})$

(2)　$(x+2)(x+\boxed{4})$

(3)　$(x+\boxed{2})(x+\boxed{5})$

(4)　$(x+3)(x+5)$　(5)　$(x+3)(x+7)$

(6)　$(x-2)(x-\boxed{3})$　(7)　$(x-2)(x-4)$

(8)　$(x-2)(x-5)$　(9)　$(x-3)(x-5)$

(10)　$(x-3)(x-7)$

考え方
(1)　和が5，積が6となる2つの数は2と3である。
(6)　和が-5，積が6となる2つの数は-2と-3である。

2 答 (1)　$(x-2)(x+\boxed{3})$

(2)　$(x-2)(x+4)$　(3)　$(x-2)(x+5)$

(4)　$(x-3)(x+5)$　(5)　$(x-7)(x+8)$

(6)　$(x+2)(x-\boxed{3})$　(7)　$(x+2)(x-4)$

(8)　$(x+2)(x-5)$　(9)　$(x+3)(x-5)$

(10)　$(x+7)(x-8)$

考え方
(1)　和が1，積が-6となる2つの数は-2と3である。
(2)　和が2，積が-8となる2つの数は-2と4である。
(6)　和が-1，積が-6となる2つの数は2と-3である。

11 因数分解③　P.24-25

1 答 (1)　$(x+\boxed{3})^2$　(2)　$(\boxed{x}-2)^2$

(3)　$(x-3)^2$　(4)　$(x+4)^2$

(5)　$(x-5)^2$　(6)　$(x-1)^2$

(7)　$(x+7)^2$　(8)　$(x-8)^2$

(9)　$(x+10)^2$　(10)　$(x-9)^2$

(11)　$(y-4)^2$　(12)　$(a-6)^2$

(13)　$(x+2)^2$　(14)　$(y-7)^2$

考え方
　因数分解の公式は，展開の公式を逆から見たものになっている。
(4)　$x^2+8x+16$
　$=x^2+2\times4\times x+4^2$
　$=(x+4)^2$
(13)　与式$=x^2+4x+4$
　　$=(x+2)^2$
(14)　与式$=y^2-14y+49$
　　$=(y-7)^2$

2 答 (1)　$(2x+\boxed{1})^2$　(2)　$(2x+9)^2$

(3)　$(4x-1)^2$　(4)　$(2x-3)^2$

(5)　$(2x+\boxed{y})^2$　(6)　$(3x+5y)^2$

(7)　$(2x-3y)^2$　(8)　$(4x-5y)^2$

(9)　$(5x-2y)^2$　(10)　$(xy-6)^2$

(11)　$\left(x+\frac{1}{3}\right)^2$　(12)　$\left(3x+\frac{1}{2}\right)^2$

考え方
(1)　$4x^2+4x+1$
　$=(2x)^2+2\times2x\times1+1^2$
　$=(2x+1)^2$
(2)　$4x^2+36x+81$
　$=(2x)^2+2\times2x\times9+9^2$
　$=(2x+9)^2$
(3)　$16x^2-8x+1$
　$=(4x)^2-2\times4x\times1+1^2$
　$=(4x-1)^2$
(6)　$9x^2+30xy+25y^2$
　$=(3x)^2+2\times3x\times5y+(5y)^2$
　$=(3x+5y)^2$
(10)　$x^2y^2-12xy+36$
　$=(xy)^2-2\times xy\times6+6^2$
　$=(xy-6)^2$
(11)　$x^2+\frac{2}{3}x+\frac{1}{9}$
　$=x^2+2\times x\times\frac{1}{3}+\left(\frac{1}{3}\right)^2$
　$=\left(x+\frac{1}{3}\right)^2$

（順に）（1）6，3　（2）9，3　（3）4，2　（4）9，4

考え方　数を書き入れた後，右辺を展開して左辺になることを確認するとよい。

12 因数分解④　P.26-27

(1) $(x+5)(x-\boxed{5})$
(2) $(x+4)(x-4)$
(3) $(2x+5)(2x-\boxed{5})$
(4) $(3x+5)(3x-5)$
(5) $(4x+5y)(4x-5y)$
(6) $(x+9y)(x-9y)$
(7) $(2x+5y)(2x-5y)$
(8) $(2x+7y)(2x-7y)$
(9) $(xy+4)(xy-4)$
(10) $(3+2xy)(3-2xy)$
(11) $(3xy+11)(3xy-11)$
(12) $(3xy+1)(3xy-1)$
(13) $(xy+2z)(xy-2z)$
(14) $(xy+4a)(xy-4a)$

考え方

(5) $16x^2-25y^2=(4x)^2-(5y)^2$
$=(4x+5y)(4x-5y)$
(10) $9-4x^2y^2=3^2-(2xy)^2$
$=(3+2xy)(3-2xy)$
(13) $x^2y^2-4z^2=(xy)^2-(2z)^2$
$=(xy+2z)(xy-2z)$

(1) $a(x+2)(x-\boxed{2})$
(2) $2(x+5)(x-5)$
(3) $2(x+6)(x-6)$
(4) $3(x+5)(x-5)$
(5) $3(2x+y)(2x-y)$
(6) $a(x+7y)(x-7y)$
(7) $3ax(y+3)(y-3)$
(8) $y^2(3x+2)(3x-2)$
(9) $x(xy+z)(xy-z)$
(10) $3x(xy+2z)(xy-2z)$
(11) $xy(x+y)(x-y)$
(12) $xyz(x+y)(x-y)$

考え方

(1) $ax^2-4a=a(x^2-\boxed{4})$
$=a(x+2)(x-\boxed{2})$
(2) $2x^2-50=2(x^2-25)$
$=2(x+5)(x-5)$
(5) $12x^2-3y^2=3(4x^2-y^2)$
$=3(2x+y)(2x-y)$
(7) $3axy^2-27ax=3ax(y^2-9)$
$=3ax(y+3)(y-3)$
(8) $9x^2y^2-4y^2=y^2(9x^2-4)$
$=y^2(3x+2)(3x-2)$
(10) $3x^3y^2-12xz^2$
$=3x(x^2y^2-4z^2)$
$=3x(xy+2z)(xy-2z)$
(11) $x^3y-xy^3=xy(x^2-y^2)$
$=xy(x+y)(x-y)$
(12) $x^3yz-xy^3z=xyz(x^2-y^2)$
$=xyz(x+y)(x-y)$

13 因数分解⑤　P.28-29

1 答

(1) $3(x+2)^2$　(2) $2(x-5)^2$
(3) $5(x-1)^2$　(4) $4(x-6)^2$
(5) $2(4x-1)^2$　(6) $3(2x-3)^2$
(7) $2(2x-9)^2$　(8) $5(x+2y)^2$
(9) $2(2x-3y)^2$　(10) $3(2x+3a)^2$

考え方

共通因数をくくり出してから，公式を用いて因数分解する。
(1) 与式$=3(x^2+4x+4)$
$=3(x+2)^2$
(2) 与式$=2(x^2-10x+25)$
$=2(x-5)^2$
(5) 与式$=2(16x^2-8x+1)$
$=2(4x-1)^2$
(6) 与式$=3(4x^2-12x+9)$
$=3(2x-3)^2$
(8) 与式$=5(x^2+4xy+4y^2)$
$=5(x+2y)^2$
(9) 与式$=2(4x^2-12xy+9y^2)$
$=2(2x-3y)^2$

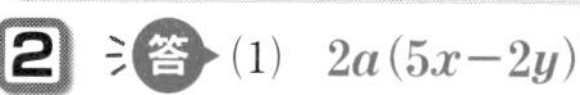

2 答

(1) $2a(5x-2y)^2$
(2) $x(x-5)^2$　(3) $a(x-y)^2$
(4) $4ab(3x+2y)^2$
(5) $2x(a+3b)^2$　(6) $a^3(x-y)^2$
(7) $-3(x+2y)^2$　(8) $-(x-y)^2$
(9) $-(a-3x)^2$　(10) $-5(2x+y)^2$
(11) $-(x-y)^2$　(12) $-(2x-y)^2$

考え方

(1)　与式$=2a(25x^2-\boxed{20}xy+\boxed{4}y^2)$
$=2a(5x-2y)^2$
(2)　与式$=x(x^2-10x+25)$
$=x(x-5)^2$
(4)　与式$=4ab(9x^2+12xy+4y^2)$
$=4ab(3x+2y)^2$
(7)　与式$=-3(x^2+\boxed{4}xy+\boxed{4}y^2)$
$=-3(x+2y)^2$
(8)　与式$=-(x^2-\boxed{2xy}+\boxed{y^2})$
$=-(x-y)^2$
(10)　与式$=-5(4x^2+4xy+y^2)$
$=-5(2x+y)^2$
(11)　与式$=-(x^2-2xy+y^2)$
$=-(x-y)^2$
(12)　与式$=-(4x^2-4xy+y^2)$
$=-(2x-y)^2$

14 因数分解⑥ P.30-31

1 答 (1)　$(x+4)(x+7)$
(2)　$(x+4)(x-7)$　(3)　$(x-4)(x+7)$
(4)　$(x-4)(x-7)$　(5)　$(x+4)(x+9)$
(6)　$(x+5)(x-6)$　(7)　$(x+1)(x+28)$
(8)　$(x-1)(x-28)$　(9)　$(x-1)(x+28)$
(10)　$(x+1)(x-28)$

考え方

(1)　和が11，積が28となる２つの数は4と7である。
(2)　和が−3，積が−28となる２つの数は4と−7である。
(7)　和が29，積が28となる２つの数は1と28である。

2 答 (1)　$2(x-4)(x-10)$
(2)　$3(x+1)(x+4)$
(3)　$a(x-2)(x+6)$
(4)　$2(x-2)(x+5)$
(5)　$2(x+5)(x-8)$
(6)　$3(x-3)(x-8)$
(7)　$-2(x-1)(x+2)$
(8)　$-3a(x+1)(x-4)$
(9)　$-2(x-2)(x-11)$
(10)　$-3(x-2)(x+6)$
(11)　$-2(x-1)(x-12)$
(12)　$-(x-4)(x+7)$

考え方

共通因数をくくり出してから，公式を用いて因数分解する。
(2)　与式$=3(x^2+5x+4)$
$=3(x+1)(x+4)$
(3)　与式$=a(x^2+4x-12)$
$=a(x-2)(x+6)$
(7)　与式$=-2(x^2+x-\boxed{2})$
$=-2(x-1)(x+2)$
(8)　与式$=-3a(x^2-3x-4)$
$=-3a(x+1)(x-4)$
(9)　与式$=-2(x^2-13x+22)$
$=-2(x-2)(x-11)$

15 因数分解のまとめ P.32-33

1 答 (1)　$3x(a-3b)$
(2)　$-5(a^2+3b^2+2c^2)$
(3)　$-6a(x^2+3y^2-5z^2)$
(4)　$x^2y(x-1)$
(5)　$(x-3)^2$
(6)　$(x+8)^2$
(7)　$(2x+5)(2x-5)$
(8)　$(xy+3z)(xy-3z)$
(9)　$(x+7)(x+8)$
(10)　$(x+3)(x-4)$
(11)　$(x+2)(x+5)$
(12)　$(x-1)(x-9)$

考え方

(2)　−5が共通因数である。
(3)　$-6a$が共通因数である。
(9)　和が15，積が56となる２つの数は7と8である。
(10)　和が−1，積が−12となる２つの数は3と−4である。

2 答 (1)　$3(x-2)(x-3)$
(2)　$-2(x+y)^2$
(3)　$3(x+5)(x-5)$
(4)　$4a(x-2)(x-4)$
(5)　$2(xy+2z)(xy-2z)$
(6)　$2(x+2)(x+5)$
(7)　$-3(x-4)(x-7)$
(8)　$4x(x+3)^2$

考え方

共通因数をくくり出してから，公式を用いて因数分解する。

(1) 与式$=3(x^2-5x+6)$
　　$=3(x-2)(x-3)$

(2) 与式$=-2(x^2+2xy+y^2)$
　　$=-2(x+y)^2$

(5) 与式$=2(x^2y^2-4z^2)$
　　$=2(xy+2z)(xy-2z)$

(7) 与式$=-3(x^2-11x+28)$
　　$=-3(x-4)(x-7)$

16 式の計算の利用 P.34-35

1 答 (1) 9604　(2) 10404
(3) 2499　(4) 8096
(5) 300　(6) 800

考え方

(1) $98^2=(100-2)^2$
　　$=100^2-2\times100\times2+2^2$
　　$=9604$

(3) $51\times49=(50+1)(50-1)$
　　$=50^2-1^2=2499$

(5) $28^2-22^2=(28+22)(28-\boxed{22})$
　　$=50\times6=300$

2 答 (1) 10000　(2) 35

考え方

(1) $x^2+4x+4=(x+2)^2$ より
$(98+2)^2=100^2=10000$

(2) $x^2-y^2=(x+y)(x-y)$ より
$(6.75+3.25)(6.75-3.25)$
$=10\times3.5=35$

3 答 (証明)　大きいほうの整数をnとすると，小さいほうの整数は$n-1$と表される。

$n^2-(\boxed{n-1})^2=n^2-(n^2-2n+1)$
$=2n-1$

$n+(n-1)=2n-1$

よって，連続する2つの整数では，大きいほうの数の2乗から小さいほうの数の2乗をひいた差は，はじめの2つの数の和に等しい。

考え方

小さいほうの整数をnとおいて考えてもよい。

4 答 (証明)　連続する2つの奇数は，nを整数とすると，

$2n-1$，$2n+\boxed{1}$と表される。

$(2n-1)(2n+1)+1$
$=4n^2-1+1$
$=(2n)^2$

よって，連続する2つの奇数の積に1を加えた数は，偶数の2乗になる。

考え方

奇数は2でわって1余る数であるから，nを整数とすると，$2n-1$または$2n+1$と表すことができる。

5 答 $12x\,\mathrm{cm}^2$

考え方

$(x+3)^2-(x-3)^2=12x$

6 答 (証明)　連続する2つの奇数は，nを整数とすると，

$2n-1$，$2n+1$と表される。

$(2n+1)^2-(2n-1)^2$
$=4n^2+4n+1-(4n^2-4n+1)$
$=8n$

よって，連続する2つの奇数を2乗した数の差は，8の倍数になる。

考え方

$(2n-1)+2=2n+1$であることに注意する。

17 多項式と因数分解のまとめ P.36-37

1 答 (1) $5x^2-35xy$
(2) $-7a-4b$　(3) $2x^2-3x-4$
(4) $4x-6y$

考え方

(4) 与式$=-\dfrac{30xy-20x^2}{5x}$
　　$=-6y+4x=4x-6y$

2 答 (1) $x^2+18x+81$

(2) x^2-4　(3) $x^2-\frac{2}{5}x+\frac{1}{25}$

(4) $9a^2-16b^2$　(5) $a^2-b^2-ac-bc$

(6) $-2a^2+12ab-18b^2$

(7) $-3x^2+36x-105$

(8) $12x^2-27$

(9) $2x^3+x^2-10x+6$

(10) $2x^2+6x-16$

考え方

(7) 与式$=-3(x^2-12x+35)$
$=-3x^2+36x-105$

(8) 与式$=3(4x^2-9)=12x^2-27$

(9) 与式$=2x^3+4x^2-4x$
$-3x^2-6x+6$
$=2x^3+x^2-10x+6$

(10) 与式$=x^2+6x+9+x^2-25$
$=2x^2+6x-16$

3 答 (1) $4x(a-4b)$

(2) $3xy(2x-4y-3)$

(3) $(x-2)(x+7)$　(4) $(x-4)^2$

(5) $(x+8)^2$　(6) $(x+9)(x-9)$

(7) $(x-5)(x-9)$

(8) $2(3a+2b)(3a-2b)$

(9) $(3x-y)(9x-y)$

(10) $3(x+1)(x-10)$

考え方

(8) 与式$=2(9a^2-4b^2)$
$=2(3a+2b)(3a-2b)$

(9) 与式$=27x^2-12xy+y^2$
$=(3x-y)(9x-y)$

(10) 与式$=3(x^2-9x-10)$
$=3(x+1)(x-10)$

4 答 (1) 8.84　(2) 4600

考え方

(1) $3.4\times2.6=(3.0+0.4)(3.0-0.4)$
$=3.0^2-0.4^2=8.84$

(2) $73^2-27^2=(73+27)(73-27)$
$=100\times46=4600$

5 答 $-\frac{35}{4}$

考え方

与式$=a^2+2ab-2ab-b^2=a^2-b^2$

$\left(\frac{1}{2}\right)^2-(-3)^2=\frac{1}{4}-9=-\frac{35}{4}$

18 平方根①

P.38-39

1 答 (1) 25　(2) 64　(3) 49

(4) 81　(5) $\frac{1}{4}$　(6) $\frac{16}{25}$

(7) 0.04　(8) 0.36　(9) 121

(10) 169

2 答 (1) 5と-5　(2) 7と-7

(3) $\frac{4}{5}$と$-\frac{4}{5}$　(4) 0.3と-0.3

考え方

(1) 2乗して25になる数は$+5$と-5である。

(4) 2乗して0.09になる数は，$+0.3$と-0.3である。

3 答 (1) $\sqrt{3}$と$-\sqrt{3}$　(2) $\sqrt{5}$と$-\sqrt{5}$

(3) $\sqrt{11}$と$-\sqrt{11}$　(4) $\sqrt{0.3}$と$-\sqrt{0.3}$

(5) $\sqrt{1.7}$と$-\sqrt{1.7}$　(6) $\sqrt{\frac{5}{7}}$と$-\sqrt{\frac{5}{7}}$

4 答 (1) 8　(2) -4　(3) 7

(4) 9　(5) -11　(6) 13

(7) $-\frac{3}{4}$　(8) $\frac{2}{7}$　(9) 0.2

(10) -0.6

考え方

(2) 16の平方根のうち負のほうは-4である。

(6) 169の平方根のうち正のほうは13である。

(8) $\frac{4}{49}$の平方根のうち正のほうは$\frac{2}{7}$である。

(10) 0.36の平方根のうち負のほうは-0.6である。

19 平方根②

P.40-41

1 答 (1) 4　(2) 7　(3) 9

(4) 2　(5) 1　(6) 0

(7) 10　(8) 11　(9) -3

(10) -6　(11) -8　(12) -12

(13) 0.3　(14) 0.4　(15) 0.1

(16) 0.8　(17) -0.9　(18) -0.6

(19) -1.1　(20) -1.3

考え方

$a>0$ のとき，
$\sqrt{a^2}=a$，$-\sqrt{a^2}=-a$
(6)　0 の平方根は 0 である。
(9)　$-\sqrt{9}=-\sqrt{3^2}=-3$
(17)　$-\sqrt{0.81}=-\sqrt{0.9^2}=-0.9$

2 答 (1)　$\frac{3}{8}$　(2)　$\frac{5}{7}$　(3)　$\frac{1}{2}$
(4)　$\frac{1}{4}$　(5)　$-\frac{2}{7}$　(6)　$-\frac{5}{8}$
(7)　$\frac{7}{11}$　(8)　$-\frac{1}{12}$

考え方

(1)　$\sqrt{\frac{9}{64}}=\sqrt{\left(\frac{3}{8}\right)^2}=\frac{3}{8}$
(5)　$-\sqrt{\frac{4}{49}}=-\sqrt{\left(\frac{2}{7}\right)^2}=-\frac{2}{7}$

3 答 (1)　5　(2)　2　(3)　×
(4)　×　(5)　20　(6)　6
(7)　×　(8)　0.6

考え方

(5)　$\sqrt{400}=\sqrt{20^2}=20$
(8)　$\sqrt{0.36}=\sqrt{0.6^2}=0.6$

20 平方根③　P.42-43

1 答 (1)　4　(2)　4　(3)　25
(4)　2　(5)　0.2　(6)　15
(7)　2　(8)　15

考え方

$a>0$ のとき，$(\sqrt{a})^2=a$
(6)　$(\sqrt{3\times5})^2=3\times5=15$

2 答 (1)　$1<\sqrt{2}$　(2)　$4>\sqrt{15}$

考え方

(1)　$1^2=1$，$(\sqrt{2})^2=2$ で，
$1<2$ だから，$1<\sqrt{2}$
(2)　$4^2=16$，$(\sqrt{15})^2=15$ で，
$16>15$ だから，$4>\sqrt{15}$

3 答 (1)　$5<\sqrt{26}$　(2)　$13>\sqrt{167}$
(3)　$\sqrt{\frac{3}{4}}>\frac{1}{3}$　(4)　$\sqrt{0.5}>0.5$

考え方

(3)　$\left(\sqrt{\frac{3}{4}}\right)^2=\frac{3}{4}$，$\left(\frac{1}{3}\right)^2=\frac{1}{9}$ で，
$\frac{3}{4}>\frac{1}{9}$ だから，$\sqrt{\frac{3}{4}}>\frac{1}{3}$

考え方

(4)　$(\sqrt{0.5})^2=0.5$，$0.5^2=0.25$ で，
$0.5>0.25$ だから，$\sqrt{0.5}>0.5$

4 答 (1)　6，$\sqrt{35}$，$\sqrt{26}$，4，$\sqrt{10}$，3，
$\sqrt{6}$，$\sqrt{3}$
(2)　$\frac{2}{3}$，$\sqrt{0.2}$，0.4，$\frac{3}{8}$，$\sqrt{0.09}$，$\sqrt{0.05}$

考え方

2 乗して比べる。分数は小数になおして考える。
(2)　$0.4^2=0.16$，$(\sqrt{0.09})^2=0.09$，
$\left(\frac{3}{8}\right)^2=\frac{9}{64}=0.14\cdots$，
$(\sqrt{0.2})^2=0.2$，$(\sqrt{0.05})^2=0.05$，
$\left(\frac{2}{3}\right)^2=\frac{4}{9}=0.44\cdots$

21 平方根④　P.44-45

1 答 4　2
1.96　1.4
1.41　1.42
4　1

考え方

$1.41^2=1.9881$，$1.42^2=2.0164$ で，
$1.9881<2<2.0164$ だから，
$1.41<\sqrt{2}<1.42$

2 答 1.414

考え方

$1.414^2=1.999396$，
$1.415^2=2.002225$ で，
$1.999396<2<2.002225$
だから，$1.414<\sqrt{2}<1.415$

3 答 (1)　大　(2)　小　(3)　大
(4)　小

考え方

2より，$\sqrt{2}=1.414\cdots$ であるから，この値よりも大きいか小さいかを調べる。
(1)　$\frac{3}{2}=1.5$　(2)　$\frac{7}{5}=1.4$
(3)　$\frac{17}{12}=1.416\cdots$
(4)　$\frac{41}{29}=1.413\cdots$

4 答 (1) 小　(2) 大　(3) 小
(4) 大

> **考え方**
> $(\sqrt{3})^2=3$ である。他の数も 2 乗して，3 との大小を比べる。

5 答 (1) 3.1　(2) 2.2
(3) 2.6　(4) 1.7　(5) 6.4

> **考え方**
> (1) $3.1^2=\boxed{9.61}$，$3.2^2=\boxed{10.24}$ だから，$3.1<\sqrt{10}<3.2$
> (2) $2.2^2=\boxed{4.84}$，$2.3^2=\boxed{5.29}$ だから，$2.2<\sqrt{5}<2.3$
> (3) $2.6^2=\boxed{6.76}$，$2.7^2=\boxed{7.29}$ だから，$2.6<\sqrt{7}<2.7$
> (4) $1.7^2=\boxed{2.89}$，$1.8^2=\boxed{3.24}$ だから，$1.7<\sqrt{3}<1.8$
> (5) $6.4^2=\boxed{40.96}$，$6.5^2=\boxed{42.25}$ だから，$6.4<\sqrt{41}<6.5$

22 有理数と無理数　P.46-47

1 答 (1) $\sqrt{5}$，π，$-\frac{\sqrt{3}}{2}$
(2) $\sqrt{19}$，$-\sqrt{33}$

> **考え方**
> (1) 整数や0は有理数である。
> $\sqrt{5}$，π は分数では表せないので無理数である。また，$-\frac{\sqrt{3}}{2}$ は $\sqrt{3}$ が分数では表せないので無理数である。
> $\sqrt{4}=2$ より，$\sqrt{4}$ は整数なので有理数である。
> (2) $-\frac{\sqrt{25}}{3}=-\frac{5}{3}$ であるから，$-\frac{\sqrt{25}}{3}$ は有理数である。
> $\sqrt{169}=\sqrt{13^2}=13$ より，$\sqrt{169}$ は有理数である。

2  (1) A…$-\sqrt{16}$，B…$-\frac{3}{4}$，C…$\sqrt{3}$，
D…2.5
(2)
$-\sqrt{9}$　-1.5　$\sqrt{2}$　$\frac{7}{2}$
-4　-3　-2　-1　0　1　2　3　4

> **考え方**
> (1) $-\sqrt{16}=-4$ である。$\sqrt{1}<\sqrt{3}<\sqrt{4}$ より，$1<\sqrt{3}<2$ である。
> (2) $-\sqrt{9}=-3$ である。$\sqrt{2}=1.414$…である。

3 答 (1) $-\frac{1}{5}$，$\frac{3}{2}$　(2) $\frac{2}{3}$，$\frac{4}{7}$
(3) $\sqrt{3}$，$\frac{\sqrt{5}}{8}$

> **考え方**
> (1) $-\frac{1}{5}=-0.2$，$\frac{3}{2}=1.5$ だから，有限小数である。
> (2) $\frac{2}{3}=0.66\cdots$，
> $\frac{4}{7}=0.571428571428\cdots$ だから，循環小数である。
> (3) $\sqrt{3}$，$\frac{\sqrt{5}}{8}$ は無理数で，循環しない無限小数である。

4 答 (1) $0.\dot{6}$　(2) $0.\dot{1}4\dot{5}$
(3) $0.\dot{8}5714\dot{2}$　(4) $0.1\dot{8}$

23 近似値　P.48-49

1 答 (1) 2.31×10^3 g　(2) 2.4×10^3 g

2 答 (1) 1.67×10^4 km
(2) 1.8×10^4 g　(3) 3.0×10^4 km

> **考え方**
> 近似値を表す数のうち，信頼できる数字を有効数字という。
> (1) $16700=1.67\times10000=1.67\times10^4$
> (2) $18000=1.8\times10000=1.8\times10^4$
> (3) 千の位の 0 は他の位の 0 とちがい，有効数字の 0 である。
> $30000=3.0\times10000=3.0\times10^4$

3 答 (1) 14.5，14.9，15.0，15.2，15.4，15.49
(2) $14.5\leqq a<15.5$

4 答 (1)　8.349，8.335，8.30，8.254

(2)　$8.25 \leqq a < 8.35$

5 答 (1)　2 けた　　(2)　4.8×10^2 mm

(3)　475≦測定値＜485

考え方　目盛りが10mmのものさしではかったから，一の位は有効数字ではない。

(2)　$480=4.8\times100=4.8\times10^2$

24 平方根の計算①　P.50-51

1 答 (順に)　(1)　5，15

(2)　3，3

(3)　9，2，2，3，2

(4)　4，5，4，2，5

2 答 (1)　$2\sqrt{7}$　　(2)　$3\sqrt{3}$

(3)　$2\sqrt{2}$　　(4)　$4\sqrt{2}$

考え方

(1)　$\sqrt{28}=\sqrt{4}\times\sqrt{7}=2\sqrt{7}$

(2)　$\sqrt{27}=\sqrt{9}\times\sqrt{3}=3\sqrt{3}$

(3)　$\sqrt{8}=\sqrt{4}\times\sqrt{2}=2\sqrt{2}$

(4)　$\sqrt{32}=\sqrt{16}\times\sqrt{2}=4\sqrt{2}$

3 答 (1)　$2\sqrt{10}$　　(2)　$2\sqrt{11}$　　(3)　$4\sqrt{3}$

(4)　$5\sqrt{2}$　　(5)　$2\sqrt{13}$　　(6)　$3\sqrt{6}$

(7)　$2\sqrt{14}$　　(8)　$2\sqrt{15}$　　(9)　$3\sqrt{7}$

(10)　$2\sqrt{17}$　　(11)　$6\sqrt{2}$　　(12)　$5\sqrt{3}$

(13)　$2\sqrt{19}$　　(14)　$4\sqrt{5}$　　(15)　$2\sqrt{21}$

(16)　$2\sqrt{22}$

考え方

(1)　$\sqrt{40}=\sqrt{4}\times\sqrt{10}=2\sqrt{10}$

(3)　$\sqrt{48}=\sqrt{16}\times\sqrt{3}=4\sqrt{3}$

(4)　$\sqrt{50}=\sqrt{25}\times\sqrt{2}=5\sqrt{2}$

(5)　$\sqrt{52}=\sqrt{4}\times\sqrt{13}=2\sqrt{13}$

(11)　$\sqrt{72}=\sqrt{36}\times\sqrt{2}=6\sqrt{2}$

(12)　$\sqrt{75}=\sqrt{25}\times\sqrt{3}=5\sqrt{3}$

(14)　$\sqrt{80}=\sqrt{16}\times\sqrt{5}=4\sqrt{5}$

(15)　$\sqrt{84}=\sqrt{4}\times\sqrt{21}=2\sqrt{21}$

25 平方根の計算②　P.52-53

1 答 (1)　$3\sqrt{10}$　　(2)　$4\sqrt{6}$

(3)　$7\sqrt{2}$　　(4)　$3\sqrt{11}$　　(5)　$6\sqrt{3}$

(6)　$4\sqrt{7}$　　(7)　$3\sqrt{13}$　　(8)　$2\sqrt{30}$

(9)　$5\sqrt{5}$　　(10)　$3\sqrt{14}$　　(11)　$3\sqrt{15}$

(12)　$5\sqrt{6}$　　(13)　$6\sqrt{5}$　　(14)　$10\sqrt{2}$

考え方

(1)　$\sqrt{90}=\sqrt{9}\times\sqrt{10}=3\sqrt{10}$

(2)　$\sqrt{96}=\sqrt{16}\times\sqrt{6}=4\sqrt{6}$

(3)　$\sqrt{98}=\sqrt{49}\times\sqrt{2}=7\sqrt{2}$

(5)　$\sqrt{108}=\sqrt{36}\times\sqrt{3}=6\sqrt{3}$

(7)　$\sqrt{117}=\sqrt{9}\times\sqrt{13}=3\sqrt{13}$

(9)　$\sqrt{125}=\sqrt{25}\times\sqrt{5}=5\sqrt{5}$

(14)　$\sqrt{200}=\sqrt{100}\times\sqrt{2}=10\sqrt{2}$

2 答 (1)　$\sqrt{30}$　　(2)　$\sqrt{14}$　　(3)　$2\sqrt{6}$

(4)　$2\sqrt{15}$　　(5)　$2\sqrt{10}$　　(6)　$3\sqrt{10}$

(7)　$12\sqrt{15}$　　(8)　$4\sqrt{21}$　　(9)　$12\sqrt{6}$

(10)　$6\sqrt{35}$　　(11)　18　　(12)　12

(13)　30　　(14)　24

考え方

(1)　$\sqrt{6}\times\sqrt{5}=\sqrt{6\times5}=\sqrt{30}$

(3)　$\sqrt{3}\times\sqrt{8}=\sqrt{3}\times\boxed{2}\sqrt{2}=2\sqrt{6}$

(4)　$\sqrt{5}\times\sqrt{12}=\sqrt{5}\times2\sqrt{3}=2\sqrt{15}$

(7)　$\sqrt{45}\times\sqrt{48}=3\sqrt{5}\times4\sqrt{\boxed{3}}$

$=12\sqrt{15}$

(8)　$\sqrt{28}\times\sqrt{12}=2\sqrt{7}\times2\sqrt{3}=4\sqrt{21}$

(9)　$\sqrt{48}\times\sqrt{18}=4\sqrt{3}\times3\sqrt{2}=12\sqrt{6}$

(11)　$\sqrt{27}\times\sqrt{12}=3\sqrt{\boxed{3}}\times2\sqrt{\boxed{3}}=18$

(12)　$\sqrt{18}\times\sqrt{8}=3\sqrt{2}\times2\sqrt{2}=12$

(13)　$\sqrt{20}\times\sqrt{45}=2\sqrt{5}\times3\sqrt{5}=30$

(14)　$\sqrt{48}\times\sqrt{12}=4\sqrt{3}\times2\sqrt{3}=24$

26 平方根の計算③

P.54-55

1 答

(1) $3\sqrt{6}$　(2) $2\sqrt{15}$　(3) 9
(4) $3\sqrt{10}$　(5) $3\sqrt{11}$　(6) $5\sqrt{3}$
(7) $5\sqrt{6}$　(8) $5\sqrt{7}$　(9) $10\sqrt{2}$
(10) $10\sqrt{3}$　(11) 12　(12) $9\sqrt{2}$
(13) $4\sqrt{6}$　(14) $4\sqrt{7}$

考え方

(1) $\sqrt{3}\times\sqrt{18}=\sqrt{3}\times3\sqrt{2}=3\sqrt{6}$
(2) $\sqrt{3}\times\sqrt{20}=\sqrt{3}\times2\sqrt{5}=2\sqrt{15}$
(3) $\sqrt{3}\times\sqrt{27}=\sqrt{3}\times3\sqrt{3}=9$
(4) $\sqrt{3}\times\sqrt{30}=\sqrt{3}\times\sqrt{\boxed{3}\times10}$
$=3\sqrt{10}$
(5) $\sqrt{3}\times\sqrt{33}=\sqrt{3}\times\sqrt{3\times11}$
$=3\sqrt{11}$
(6) $\sqrt{5}\times\sqrt{15}=\sqrt{5}\times\sqrt{5\times3}=5\sqrt{3}$
(9) $\sqrt{5}\times\sqrt{40}=\sqrt{5}\times\sqrt{\boxed{5}\times8}$
$=5\sqrt{8}=10\sqrt{2}$
(10) $\sqrt{5}\times\sqrt{60}=\sqrt{5}\times\sqrt{5\times12}$
$=5\sqrt{12}=10\sqrt{3}$
(11) $\sqrt{6}\times\sqrt{24}=\sqrt{6}\times\sqrt{6\times4}=12$
(12) $\sqrt{6}\times\sqrt{27}=\sqrt{6}\times3\sqrt{3}$
$=\sqrt{3\times2}\times3\sqrt{3}=9\sqrt{2}$
(13) $\sqrt{8}\times\sqrt{12}=2\sqrt{2}\times2\sqrt{3}$
$=4\sqrt{6}$
(14) $\sqrt{8}\times\sqrt{14}=2\sqrt{2}\times\sqrt{2\times7}$
$=4\sqrt{7}$

2 答

(1) $-3\sqrt{2}$　(2) -4　(3) 12
(4) 24　(5) $-15\sqrt{2}$　(6) $10\sqrt{6}$
(7) -210　(8) $16\sqrt{30}$　(9) $21\sqrt{2}$
(10) 30　(11) -96　(12) $-14\sqrt{70}$

考え方

(2) $(-\sqrt{8})\times\sqrt{2}=-2\sqrt{2}\times\sqrt{2}$
$=-4$
(3) $\sqrt{3}\times\sqrt{8}\times\sqrt{6}$
$=\sqrt{3}\times2\sqrt{2}\times\sqrt{3\times2}$
$=12$
(5) $\sqrt{5}\times(-\sqrt{6})\times\sqrt{15}$
$=\sqrt{5}\times(-\sqrt{3\times2})\times\sqrt{3\times5}$
$=-15\sqrt{2}$
(7) $\sqrt{21}\times\sqrt{28}\times(-\sqrt{75})$
$=\sqrt{3\times7}\times2\sqrt{7}\times(-5\sqrt{3})$
$=-210$
(11) $\sqrt{8}\times(-\sqrt{12})\times\sqrt{96}$
$=2\sqrt{2}\times(-2\sqrt{3})\times4\sqrt{6}$
$=-96$
(12) $\sqrt{10}\times\sqrt{14}\times(-\sqrt{98})$
$=\sqrt{2\times5}\times\sqrt{2\times7}\times(-7\sqrt{2})$
$=-14\sqrt{70}$

27 平方根の計算④

P.56-57

1 答

(1) $7\sqrt{2}$　(2) $3\sqrt{3}$
(3) $5\sqrt{3}$　(4) $2\sqrt{3}$　(5) $3\sqrt{3}$
(6) $2\sqrt{2}$　(7) $3\sqrt{5}$　(8) $\sqrt{7}$
(9) $11\sqrt{2}$　(10) $5\sqrt{2}$　(11) $5\sqrt{3}$
(12) $8\sqrt{5}$

考え方

(3) $\sqrt{12}+\sqrt{27}=2\sqrt{3}+3\sqrt{3}=5\sqrt{3}$
(4) $\sqrt{27}-\sqrt{3}=3\sqrt{3}-\sqrt{3}=2\sqrt{3}$
(6) $\sqrt{98}-\sqrt{50}=7\sqrt{2}-5\sqrt{2}$
$=2\sqrt{2}$
(7) $\sqrt{5}+\sqrt{20}=\sqrt{5}+2\sqrt{5}=3\sqrt{5}$
(8) $\sqrt{28}-\sqrt{7}=2\sqrt{7}-\sqrt{7}=\sqrt{7}$
(9) $2\sqrt{18}+\sqrt{50}=\boxed{6}\sqrt{2}+5\sqrt{2}$
$=11\sqrt{2}$
(10) $4\sqrt{8}-\sqrt{18}=8\sqrt{2}-3\sqrt{2}=5\sqrt{2}$
(12) $\sqrt{80}+2\sqrt{20}=4\sqrt{5}+4\sqrt{5}=8\sqrt{5}$

2 答

(1) $\sqrt{2}$　(2) $-4\sqrt{3}$　(3) 0
(4) $-\sqrt{7}$　(5) $15\sqrt{5}$　(6) $-\sqrt{2}$
(7) $14\sqrt{2}$　(8) $-4\sqrt{3}$　(9) $14\sqrt{3}$
(10) $-8\sqrt{5}$　(11) $6\sqrt{2}$　(12) $\sqrt{3}$
(13) $\sqrt{5}$　(14) 0

考え方

(1) 与式$=9\sqrt{2}-8\sqrt{2}=\sqrt{2}$
(2) 与式$=6\sqrt{3}-10\sqrt{3}=-4\sqrt{3}$
(3) 与式$=10\sqrt{5}-10\sqrt{5}=0$
(5) 与式$=14\sqrt{5}+3\sqrt{5}-2\sqrt{5}$
$=15\sqrt{5}$
(6) 与式$=4\sqrt{2}+4\sqrt{2}-9\sqrt{2}$
$=-\sqrt{2}$
(8) 与式$=2\sqrt{3}+6\sqrt{3}-12\sqrt{3}$
$=-4\sqrt{3}$
(10) 与式$=\sqrt{5}+6\sqrt{5}-15\sqrt{5}$
$=-8\sqrt{5}$
(11) 与式$=5\sqrt{2}-8\sqrt{2}+9\sqrt{2}$
$=6\sqrt{2}$
(14) 与式$=\sqrt{3}-16\sqrt{3}+15\sqrt{3}=0$

28 平方根の計算⑤ P.58-59

1 答 (1) $\sqrt{21}+\sqrt{6}$ (2) $\sqrt{10}-\sqrt{6}$
(3) $3\sqrt{5}+3\sqrt{6}$ (4) $\sqrt{6}+\sqrt{3}$
(5) $8\sqrt{6}$ (6) $4+\sqrt{6}$
(7) $6\sqrt{2}-6$ (8) $-4+2\sqrt{7}$
(9) $2+3\sqrt{2}$ (10) -3

考え方
(3) 与式$=\sqrt{3}(\sqrt{3}\times\sqrt{5}+3\sqrt{2})$
$=3\sqrt{5}+3\sqrt{6}$
(5) 与式$=(18\sqrt{2}-10\sqrt{2})\times\sqrt{3}$
$=8\sqrt{2}\times\sqrt{3}=8\sqrt{6}$
(6) 与式$=\sqrt{2}(2\sqrt{2}+\sqrt{3})$
$=4+\sqrt{6}$
(7) 与式$=\sqrt{3}(2\sqrt{6}-2\sqrt{3})$
$=6\sqrt{2}-6$
(8) 与式$=\sqrt{2}(-2\sqrt{2}+\sqrt{14})$
$=-4+2\sqrt{7}$
(9) 与式$=2+\sqrt{2}+2\sqrt{2}$
$=2+3\sqrt{2}$
(10) 与式$=2\sqrt{3}-3-2\sqrt{3}=-3$

2 答 (1) $\sqrt{15}+\sqrt{10}+\boxed{\sqrt{3}}+\boxed{\sqrt{2}}$
(2) $\sqrt{35}+\sqrt{21}+\sqrt{10}+\sqrt{6}$
(3) $12+7\sqrt{6}$ (4) $-11-13\sqrt{6}$
(5) $12-7\sqrt{6}$ (6) $13+5\sqrt{7}$
(7) $19+7\sqrt{7}$ (8) $5+3\sqrt{3}$
(9) $1+\sqrt{3}$ (10) $18+6\sqrt{10}$
(11) $2-2\sqrt{10}$

考え方
(1)〜(5) $(a+b)(c+d)$
$=ac+ad+bc+bd$ を使う。
(3) 与式$=6+6\sqrt{6}+\sqrt{6}+6$
$=12+7\sqrt{6}$
(4) 与式$=9-15\sqrt{6}+2\sqrt{6}-20$
$=-11-13\sqrt{6}$
(5) 与式$=6-6\sqrt{6}-\sqrt{6}+6$
$=12-7\sqrt{6}$
(6)〜(11) $(x+a)(x+b)$
$=x^2+(a+b)x+ab$ を使う。
(6) 与式$=(\sqrt{7})^2+5\sqrt{7}+\boxed{6}$
$=13+5\sqrt{7}$
(9) 与式$=(\sqrt{3})^2+\sqrt{3}-2$
$=1+\sqrt{3}$
(11) 与式$=(\sqrt{10})^2-2\sqrt{10}-8$
$=2-2\sqrt{10}$

29 平方根の計算⑥ P.60-61

1 答 (1) 3 (2) -4 (3) 3
(4) 11 (5) $3+2\sqrt{2}$
(6) $3-2\sqrt{2}$ (7) $15+10\sqrt{2}$
(8) $3\sqrt{3}-2\sqrt{6}$ (9) $13+4\sqrt{3}$
(10) $39\sqrt{5}+12\sqrt{15}$

考え方
(1)〜(4) $(a+b)(a-b)=a^2-b^2$
(1) 与式$=(\sqrt{7})^2-\boxed{2^2}=7-4=3$
(2) 与式$=(\sqrt{5})^2-3^2=-4$
(3) 与式$=(\sqrt{5})^2-(\sqrt{2})^2=3$
(4) 与式$=(2\sqrt{5})^2-3^2=20-9=11$
(5)〜(10) $(a+b)^2=a^2+2ab+b^2$
$(a-b)^2=a^2-2ab+b^2$
(5) 与式$=(\sqrt{2})^2+\boxed{2}\sqrt{2}+1$
$=2+2\sqrt{2}+1=3+2\sqrt{2}$
(6) 与式$=(\sqrt{2})^2-2\sqrt{2}+1$
$=3-2\sqrt{2}$
(7) 与式$=5(2+2\sqrt{2}+1)$
$=15+10\sqrt{2}$
(8) 与式$=\sqrt{3}(2-2\sqrt{2}+1)$
$=3\sqrt{3}-2\sqrt{6}$
(9) 与式$=(2\sqrt{3})^2+2\times2\sqrt{3}+1$
$=13+4\sqrt{3}$
(10) 与式$=3\sqrt{5}(12+4\sqrt{3}+1)$
$=39\sqrt{5}+12\sqrt{15}$

2 答 (1) $67-25\sqrt{7}$
(2) $6\sqrt{2}+12\sqrt{6}+3+6\sqrt{3}$ (3) 16
(4) 76 (5) $-23-4\sqrt{2}$
(6) $8+16\sqrt{3}$
(7) $3+2\sqrt{2}-\sqrt{3}-\sqrt{6}$
(8) $-2+\sqrt{2}-\sqrt{6}$
(9) $-1+\sqrt{2}+\sqrt{3}$
(10) $-2-\sqrt{3}+\sqrt{5}$

考え方
(1) 与式
$=25-15\sqrt{7}-10\sqrt{7}+42$
$=67-25\sqrt{7}$
(3) 与式
$=3-2\sqrt{15}+5+3+2\sqrt{15}+5$
$=16$
(4) 与式$=18+12\sqrt{10}+20$
$+18-12\sqrt{10}+20=76$
(5) 与式$=2-25-4\sqrt{2}$
$=-23-4\sqrt{2}$

考え方

(6) 与式$=3(3+4\sqrt{3}+4)$
$-(12-4\sqrt{3}+1)$
$=8+16\sqrt{3}$

(7) 与式$=(\boxed{1+\sqrt{2}})^2$
$-(1+\sqrt{2})\sqrt{3}$
$=1+2\sqrt{2}+2-\sqrt{3}-\sqrt{6}$
$=3+2\sqrt{2}-\sqrt{3}-\sqrt{6}$

(8) 与式$=(1-\sqrt{3})(1+\sqrt{3})$
$+(1-\sqrt{3})\sqrt{2}$
$=1-3+\sqrt{2}-\sqrt{6}$
$=-2+\sqrt{2}-\sqrt{6}$

(9) 与式$=(\sqrt{2}+\sqrt{3})(\sqrt{2}-\sqrt{3})$
$+\sqrt{2}+\sqrt{3}$
$=2-3+\sqrt{2}+\sqrt{3}$
$=-1+\sqrt{2}+\sqrt{3}$

(10) 与式$=(\sqrt{3}-\sqrt{5})(\sqrt{3}+\sqrt{5})$
$-\sqrt{3}+\sqrt{5}$
$=3-5-\sqrt{3}+\sqrt{5}$
$=-2-\sqrt{3}+\sqrt{5}$

30 平方根の計算⑦ P.62-63

1 答

(1) $\sqrt{3}$　(2) 2　(3) $\sqrt{5}$
(4) 5　(5) 2　(6) 5
(7) $3\sqrt{2}$　(8) $\sqrt{14}$　(9) $\frac{7}{3}$
(10) $\frac{3}{2}$　(11) $3\sqrt{2}$　(12) $2\sqrt{6}$

考え方

(1) $\frac{\sqrt{24}}{\sqrt{8}}=\sqrt{\frac{24}{\boxed{8}}}=\sqrt{3}$

(2) $\frac{\sqrt{24}}{\sqrt{6}}=\sqrt{\frac{24}{6}}=\sqrt{4}=2$

(6) $\sqrt{50}\div\sqrt{2}=\frac{\sqrt{50}}{\sqrt{2}}=\sqrt{25}=5$

(7) $\sqrt{90}\div\sqrt{5}=\frac{\sqrt{90}}{\sqrt{5}}=\sqrt{18}=3\sqrt{2}$

(9) $\sqrt{98}\div\sqrt{18}=\sqrt{\frac{98}{18}}=\sqrt{\frac{49}{9}}$
$=\frac{7}{3}$

(11) $\frac{\sqrt{54}}{\sqrt{3}}=\sqrt{18}=3\sqrt{2}$

2 答

(1) 6　(2) $\sqrt{6}$　(3) $2\sqrt{3}$
(4) $2\sqrt{14}$　(5) $5\sqrt{2}$　(6) 6
(7) $\sqrt{6}$　(8) $\frac{1}{2}$　(9) 2
(10) 3

考え方

(1) $\frac{3\sqrt{8}}{\sqrt{2}}=3\sqrt{\frac{8}{2}}=3\sqrt{4}=6$

(2) $\frac{\sqrt{120}}{2\sqrt{5}}=\frac{1}{2}\sqrt{\frac{120}{5}}=\frac{1}{2}\sqrt{24}$
$=\sqrt{6}$

(5) $\frac{5\sqrt{90}}{3\sqrt{5}}=\frac{5}{3}\sqrt{18}=\frac{5}{3}\times3\sqrt{2}$
$=5\sqrt{2}$

(7) $\frac{\sqrt{24}}{\sqrt{72}}\times\sqrt{18}=\frac{2\sqrt{6}}{6\sqrt{2}}\times3\sqrt{2}=\sqrt{6}$

(8) $\sqrt{\frac{5}{6}}\times\sqrt{\frac{3}{10}}=\sqrt{\frac{5\times3}{6\times10}}$
$=\sqrt{\frac{1}{4}}=\frac{1}{2}$

3 答

(1) $\frac{\sqrt{6}}{10}$　(2) $\frac{9}{10}$　(3) $\frac{\sqrt{3}}{100}$
(4) $\frac{7}{100}$

考え方

(1) $\sqrt{0.06}=\sqrt{\frac{6}{100}}=\frac{\sqrt{6}}{10}$

(4) $\sqrt{0.0049}=\sqrt{\frac{49}{10000}}=\frac{7}{100}$

31 平方根の計算⑧ P.64-65

1 答

(1) $\frac{\sqrt{3}}{3}$　(2) $\frac{2\sqrt{3}}{3}$　(3) $\frac{\sqrt{5}}{5}$
(4) $\frac{2\sqrt{5}}{5}$　(5) $\frac{4\sqrt{7}}{7}$　(6) $\frac{\sqrt{6}}{2}$
(7) $\frac{\sqrt{3}}{3}$　(8) $\sqrt{2}$　(9) $2\sqrt{2}$
(10) $2\sqrt{5}$　(11) $3\sqrt{2}$　(12) $\sqrt{5}$

考え方

(1) $\frac{1}{\sqrt{3}}=\frac{1\times\sqrt{3}}{\sqrt{3}\times\sqrt{3}}=\frac{\sqrt{3}}{3}$

(2) $\frac{2}{\sqrt{3}}=\frac{2\times\sqrt{3}}{\sqrt{3}\times\sqrt{3}}=\frac{2\sqrt{3}}{3}$

(6) $\frac{\sqrt{3}}{\sqrt{2}}=\frac{\sqrt{3}\times\sqrt{2}}{\sqrt{2}\times\sqrt{2}}=\frac{\sqrt{6}}{2}$

(7) $\frac{\sqrt{2}}{\sqrt{6}}=\frac{\sqrt{12}}{(\sqrt{6})^2}=\frac{\boxed{2}\sqrt{3}}{6}=\frac{\sqrt{3}}{3}$

(9) $\frac{4}{\sqrt{2}}=\frac{4\sqrt{2}}{2}=2\sqrt{2}$

(10) $\frac{10}{\sqrt{5}}=\frac{10\sqrt{5}}{5}=2\sqrt{5}$

2 答 (1) $\sqrt{2}$　(2) $\dfrac{\sqrt{2}}{2}$　(3) $\sqrt{2}$

(4) $\dfrac{\sqrt{6}}{2}$　(5) $\dfrac{\sqrt{10}}{5}$　(6) $\dfrac{5\sqrt{2}}{6}$

(7) $\dfrac{7\sqrt{3}}{18}$　(8) $\dfrac{\sqrt{5}}{10}$　(9) $\dfrac{\sqrt{6}}{6}$

(10) $\dfrac{5\sqrt{3}}{6}$　(11) $\dfrac{\sqrt{6}}{10}$　(12) $\dfrac{5\sqrt{2}}{3}$

(13) $\dfrac{7\sqrt{3}}{6}$　(14) $\sqrt{30}$

考え方

(1) $\dfrac{4}{\sqrt{8}}=\dfrac{4}{2\sqrt{2}}=\dfrac{4\sqrt{2}}{2\times2}=\sqrt{2}$

(4) $\dfrac{\sqrt{18}}{\sqrt{12}}=\dfrac{3\sqrt{2}}{2\sqrt{3}}=\dfrac{3\sqrt{6}}{6}=\dfrac{\sqrt{6}}{2}$

(6) $\sqrt{\dfrac{25}{18}}=\dfrac{5}{3\sqrt{2}}=\dfrac{5\sqrt{2}}{6}$

(8) $\sqrt{\dfrac{1}{20}}=\dfrac{1}{2\sqrt{5}}=\dfrac{\sqrt{5}}{10}$

(10) $\dfrac{5\sqrt{2}}{2\sqrt{6}}=\dfrac{5\sqrt{12}}{12}=\dfrac{10\sqrt{3}}{12}=\dfrac{5\sqrt{3}}{6}$

(11) $\dfrac{\sqrt{15}}{5\sqrt{10}}=\dfrac{\sqrt{150}}{50}=\dfrac{5\sqrt{6}}{50}=\dfrac{\sqrt{6}}{10}$

(13) $3\sqrt{\dfrac{49}{108}}=3\times\dfrac{7}{6\sqrt{3}}=\dfrac{7\sqrt{3}}{6}$

32 平方根の計算⑨　P.66-67

1 答 (1) $3\sqrt{3}$　(2) $\dfrac{4\sqrt{3}}{3}$

(3) $\dfrac{14\sqrt{3}}{3}$　(4) $-\sqrt{5}$

(5) $-\dfrac{\sqrt{3}}{6}$　(6) $\dfrac{\sqrt{3}}{3}$

(7) $3\sqrt{6}$　(8) $-\dfrac{5\sqrt{6}}{3}$

(9) $-\dfrac{3\sqrt{6}}{2}$　(10) $3\sqrt{6}$

考え方

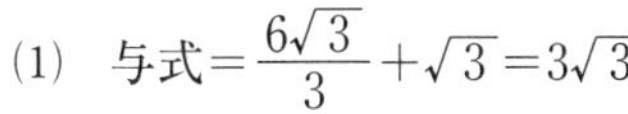

(1) 与式$=\dfrac{6\sqrt{3}}{3}+\sqrt{3}=3\sqrt{3}$

(3) 与式$=4\sqrt{3}+\dfrac{2\sqrt{3}}{3}=\dfrac{14\sqrt{3}}{3}$

(4) 与式$=\dfrac{10\sqrt{5}}{5}-3\sqrt{5}=-\sqrt{5}$

(5) 与式$=\dfrac{5\sqrt{3}}{6}-\sqrt{3}=-\dfrac{\sqrt{3}}{6}$

2 答 (1) $\dfrac{3\sqrt{5}}{5}$　(2) $\dfrac{11\sqrt{2}}{2}$

(3) $\dfrac{3\sqrt{5}}{10}$　(4) $\dfrac{\sqrt{15}}{10}$　(5) $-\dfrac{\sqrt{6}}{4}$

(6) $\dfrac{4\sqrt{2}}{3}$　(7) $-\dfrac{5\sqrt{3}}{4}$　(8) $\dfrac{19\sqrt{30}}{10}$

(9) $2-\sqrt{3}$　(10) $2\sqrt{3}-2$

(11) 2　(12) $\sqrt{2}-\dfrac{\sqrt{3}}{3}$

考え方

(1) 与式$=\sqrt{5}-\dfrac{2\sqrt{5}}{5}=\dfrac{3\sqrt{5}}{5}$

(2) 与式$=6\sqrt{2}-\dfrac{\sqrt{2}}{2}=\dfrac{11\sqrt{2}}{2}$

(5) 与式$=3\times\dfrac{\sqrt{3}}{2\sqrt{2}}-\sqrt{6}$

$=\dfrac{3\sqrt{6}}{4}-\sqrt{6}=-\dfrac{\sqrt{6}}{4}$

(7) 与式$=\dfrac{\sqrt{3}}{4}-\dfrac{3\sqrt{3}}{2}=-\dfrac{5\sqrt{3}}{4}$

(9) 与式$=\dfrac{(2\sqrt{2}-\sqrt{6})\sqrt{2}}{2}$

$=\dfrac{4-2\sqrt{\boxed{3}}}{2}$

$=2-\sqrt{3}$

(10) 与式$=\dfrac{(6-2\sqrt{3})\sqrt{3}}{3}$

$=2\sqrt{3}-2$

(11) 与式$=\dfrac{5\sqrt{2}-\sqrt{2}}{2\sqrt{2}}=2$

(12) 与式$=\dfrac{2\sqrt{3}-\sqrt{2}}{\sqrt{6}}$

$=\dfrac{(2\sqrt{3}-\sqrt{2})\sqrt{6}}{6}$

$=\dfrac{6\sqrt{2}-2\sqrt{3}}{6}$

$=\sqrt{2}-\dfrac{\sqrt{3}}{3}$

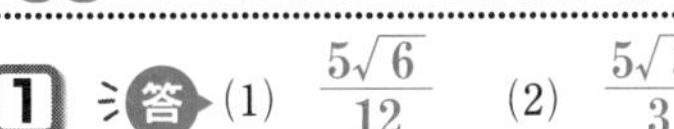

33 平方根の計算⑩　P.68-69

1 答 (1) $\dfrac{5\sqrt{6}}{12}$　(2) $\dfrac{5\sqrt{3}}{3}$

(3) $4\sqrt{6}$　(4) 0　(5) $\dfrac{9\sqrt{5}}{10}$

(6) $\dfrac{3\sqrt{30}}{10}$　(7) $\dfrac{73\sqrt{2}}{10}$　(8) $-\dfrac{3\sqrt{2}}{2}$

考え方

(1) 与式$=\dfrac{2\sqrt{2}}{\sqrt{3}}-\dfrac{\sqrt{3}}{2\sqrt{2}}$

$=\dfrac{2\sqrt{6}}{3}-\dfrac{\sqrt{6}}{4}=\dfrac{5\sqrt{6}}{12}$

(3) 与式$=8\times\frac{\sqrt{3}}{2\sqrt{2}}-\sqrt{6}+3\sqrt{6}$

$=2\sqrt{6}-\sqrt{6}+3\sqrt{6}=4\sqrt{6}$

(4) 与式$=5\sqrt{3}+5\sqrt{3}-10\sqrt{3}=0$

(5) 与式$=\sqrt{5}-\frac{\sqrt{5}}{2}+\frac{2\sqrt{5}}{5}$

$=\frac{9\sqrt{5}}{10}$

(6) 与式$=\frac{\sqrt{30}}{5}-\frac{4\sqrt{30}}{10}+\frac{\sqrt{30}}{2}$

$=\frac{3\sqrt{30}}{10}$

(7) 与式$=6\sqrt{2}-\frac{\sqrt{2}}{5}+\frac{3\sqrt{2}}{2}$

$=\frac{73\sqrt{2}}{10}$

(8) 与式

$=6\sqrt{2}+12\sqrt{2}-20\sqrt{2}+\frac{\sqrt{2}}{2}$

$=-\frac{3\sqrt{2}}{2}$

2 答 (1) 3　(2) $6-2\sqrt{6}$

考え方

(1) $x^2-4x+4=(x-2)^2$
よって，$\{(2+\sqrt{3})-2\}^2=(\boxed{\sqrt{3}})^2$
$=3$

(2) $x^2-4x+3=(x-1)(x-3)$ だから，
$\{(\sqrt{6}+1)-1\}\{(\sqrt{6}+1)-3\}$
$=\sqrt{6}(\sqrt{6}-2)=6-2\sqrt{6}$

3 答 (1) 12　(2) 1

考え方

(1) $\{(\sqrt{3}+\sqrt{2})+(\sqrt{3}-\sqrt{2})\}^2$
$=(2\sqrt{3})^2=12$

(2) $(\sqrt{3}+\sqrt{2})(\sqrt{3}-\sqrt{2})$
$=3-2=1$

4 答 (1) 24　(2) $12\sqrt{3}$　(3) 12

考え方

(1) $(3+\sqrt{3})^2+(3-\sqrt{3})^2$
$=9+6\sqrt{3}+3+9-6\sqrt{3}+3=24$

(2) $x^2-y^2=(x+y)(x-y)$
と変形する。

(3) $x^2-2xy+y^2=(x-y)^2$
と変形する。

34 平方根のまとめ

P.70-71

1 答 (1) $6>\sqrt{35}$

(2) $2\sqrt{6}<5<\sqrt{26}$

(3) $0.03<\sqrt{0.09}<\sqrt{0.9}$

(4) $\frac{2}{3}<\sqrt{\frac{2}{3}}<\frac{2}{\sqrt{3}}$

考え方

(2) $5^2=25$，$(\sqrt{26})^2=26$，
$(2\sqrt{6})^2=24$ で，$24<25<26$ だから，
$2\sqrt{6}<5<\sqrt{26}$

(3) $(\sqrt{0.9})^2=0.9$，$(\sqrt{0.09})^2=0.09$，
$0.03^2=0.0009$ で，
$0.0009<0.09<0.9$ だから，
$0.03<\sqrt{0.09}<\sqrt{0.9}$

2 答 (1) $\sqrt{7}$，$\frac{\sqrt{2}}{\sqrt{12}}$，$\frac{\pi}{2}$

(2) 4.0×10^4m

(3) $5.125\leqq a<5.135$

考え方

(1) $\frac{3}{4}=0.75$（有限小数）

$\frac{2}{9}=0.222\cdots$（循環小数）

$\frac{2}{5}=0.4$（有限小数）

$\frac{\sqrt{8}}{\sqrt{18}}=\frac{\sqrt{4}}{\sqrt{9}}=\frac{2}{3}=0.666\cdots$（循環小数）

$-\frac{1}{6}=-0.1666\cdots$（循環小数）

$\frac{\sqrt{2}}{\sqrt{12}}=\frac{1}{\sqrt{6}}=\frac{\sqrt{6}}{6}$（無理数）

$\frac{\pi}{2}$（無理数）

整数，有限小数，循環小数は有理数である。

(2) $40000=4.0\times10000=4.0\times10^4$

3 答 (1) $\frac{7\sqrt{3}}{6}$　(2) $\frac{5\sqrt{2}}{2}$

考え方

(1) $\frac{7}{2\sqrt{3}}=\frac{7\times\sqrt{3}}{2\times\sqrt{3}\times\sqrt{3}}=\frac{7\sqrt{3}}{6}$

(2) $\frac{5\sqrt{6}}{\sqrt{12}}=\frac{5}{\sqrt{2}}=\frac{5\times\sqrt{2}}{\sqrt{2}\times\sqrt{2}}$
$=\frac{5\sqrt{2}}{2}$

4 答 (1) 1　(2) $59-30\sqrt{2}$
(3) $-4+\sqrt{2}+\sqrt{6}$　(4) $2\sqrt{6}$
(5) 0　(6) $5\sqrt{6}$
(7) $-\sqrt{3}$

考え方
(5) 与式
$=\frac{9+6\sqrt{5}+5}{4}-\frac{9+3\sqrt{5}}{2}+1$
$=\frac{7+3\sqrt{5}}{2}-\frac{9+3\sqrt{5}}{2}+1=0$
(6) 与式
$=6-2\sqrt{6}+3\sqrt{6}-6+4\sqrt{2}\times\sqrt{3}$
$=\sqrt{6}+4\sqrt{6}=5\sqrt{6}$
(7) 与式
$=\frac{2\times3-6\sqrt{3}}{3}-\frac{3-2\sqrt{3}+1}{2}$
$=2-2\sqrt{3}-(2-\sqrt{3})=-\sqrt{3}$

5 答 (1) 14　(2) 20

考え方
(2) $x^2-2xy+y^2=(x-y)^2$ だから，
$\{(\sqrt{2}+\sqrt{5})-(\sqrt{2}-\sqrt{5})\}^2$
$=(2\sqrt{5})^2=20$

35 2次方程式の解き方①　P.72-73

1 答 (1) $x=-2,\ -3$
(2) $x=5,\ 7$　(3) $x=1,\ -6$
(4) $x=-1,\ 6$　(5) $x=3,\ -9$
(6) $x=-4,\ -9$　(7) $x=-1,\ -8$
(8) $x=2,\ 8$

考え方
(1) $x^2+5x+6=0$
$(x+\boxed{2})(x+3)=0$
$x+2=0$ または $x+3=0$
よって，$x=-2,\ -3$
(2) $x^2-12x+35=0$
$(x-5)(x-7)=0$
$x-5=0$ または $x-7=0$
よって，$x=5,\ 7$
(3) $x^2+5x-6=0$
$(x-1)(x+6)=0$
$x-1=0$ または $x+6=0$
よって，$x=1,\ -6$
(5) $x^2+6x-27=0$
$(x-3)(x+9)=0$
$x-3=0$ または $x+9=0$
よって，$x=3,\ -9$
(7) $x^2+9x+8=0$
$(x+1)(x+8)=0$
$x+1=0$ または $x+8=0$
よって，$x=-1,\ -8$
(8) $x^2-10x+16=0$
$(x-2)(x-8)=0$
$x-2=0$ または $x-8=0$
よって，$x=2,\ 8$

2 答 (1) $x=1,\ 2$　(2) $x=-2,\ 3$
(3) $x=-\frac{2}{3},\ \frac{6}{5}$　(4) $x=1,\ -3$
(5) $x=5$　(6) $x=4$
(7) $x=-8$　(8) $x=-3,\ 3$
(9) $x=-7,\ 7$　(10) $x=-5,\ 5$
(11) $x=0,\ 4$　(12) $x=0,\ \frac{1}{3}$

考え方
(3) $(3x+2)(5x-6)=0$
$3x+2=0$ または $5x-6=0$
よって，$x=-\frac{2}{3},\ \frac{6}{5}$
(5) $x^2-10x+25=0$
$(x-\boxed{5})^2=0$ より $x=5$
(6) $x^2-8x+16=0$
$(x-4)^2=0$ より $x=4$
(8) $x^2-9=0$
$(x+3)(x-\boxed{3})=0$ より
$x=-3,\ 3$
(9) $x^2-49=0$
$(x+7)(x-7)=0$ より
$x=-7,\ 7$
(11) $x^2-4x=0$
$x(x-\boxed{4})=0$
$x=0$ または $x-4=0$
よって，$x=0,\ 4$

36 2次方程式の解き方② P.74-75

1 答 (1) $x=2,\ -8$

(2) $x=-2,\ 8$　(3) $x=3,\ -5$

(4) $x=-2,\ 6$　(5) $x=2,\ -7$

(6) $x=-2,\ 9$　(7) $x=4$

(8) $x=2,\ -3$　(9) $x=2,\ 6$

(10) $x=0,\ \frac{7}{2}$

考え方

移項してから因数分解する。

(1) $x^2+6x-\boxed{16}=0$ より

$(x-2)(x+8)=0$

$x=2,\ -8$

(2) $x^2-6x-16=0$ より

$(x+2)(x-8)=0$

$x=-2,\ 8$

(7) $x^2-\boxed{8}x+16=0$ より

$(x-4)^2=0$　　$x=4$

(9) $x^2-8x+12=0$ より

$(x-2)(x-6)=0$

$x=2,\ 6$

(10) $2x^2-7x=0$ より

$x(2x-7)=0$　　$x=0,\ \frac{7}{2}$

2 答 (1) $x=-1,\ 1$　(2) $x=2,\ 3$

(3) $x=-1$　(4) $x=2,\ -25$

(5) $x=2,\ -17$　(6) $x=1,\ -6$

(7) $x=-1,\ 3$　(8) $x=-2,\ 2$

(9) $x=-1,\ 3$　(10) $x=0,\ 4$

考え方

(1) 移項して整理すると，$x^2-1=0$

$(x+1)(x-1)=0$

$x=-1,\ 1$

(2) かっこをはずすと，

$x^2+10x=15x-6$

$x^2-5x+6=0$

$(x-2)(x-3)=0$

$x=2,\ 3$

(3) かっこをはずすと，

$x^2+4x+4=2x+3$

$x^2+2x+1=0$

$(x+1)^2=0$　　$x=-1$

(4) かっこをはずすと，

$2x^2-50=x^2-23x$

$x^2+23x-50=0$

$(x-2)(x+25)=0$

$x=2,\ -25$

(7) かっこをはずすと，

$x^2+x^2+2x+1=x^2+4x+4$

$x^2-2x-3=0$

$(x+1)(x-3)=0$

$x=-1,\ 3$

(8) かっこをはずすと，

$x^2+2x+1+x^2+4x+4$

$=x^2+6x+9$

$x^2-4=0$

$(x+2)(x-2)=0$

$x=-2,\ 2$

(10) かっこをはずすと，

$x^2-10x+25$

$=x^2-8x+16+x^2-6x+9$

$x^2-4x=0$　　$x(x-4)=0$

$x=0,\ 4$

37 2次方程式の解き方③ P.76-77

1 答 (1) $x=\pm\frac{7}{2}$　(2) $x=\pm\frac{9}{2}$

(3) $x=\pm\frac{1}{3}$　(4) $x=\pm\frac{11}{2}$

(5) $x=\pm\frac{3}{2}$　(6) $x=\pm\frac{5}{3}$

考え方

(1) $4x^2=49$ より，$x^2=\boxed{\frac{49}{4}}$

$x=\pm\frac{7}{2}$

(2) $4x^2=81$ より，$x^2=\frac{81}{4}$

$x=\pm\frac{9}{2}$

(3) $9x^2=1$ より，$x^2=\frac{1}{9}$

$x=\pm\frac{1}{3}$

2 答 (1) $x=\pm\frac{\sqrt{15}}{3}$　(2) $x=\pm\frac{\sqrt{35}}{5}$

(3) $x=\pm\frac{3\sqrt{2}}{2}$　(4) $x=\pm\frac{5\sqrt{2}}{2}$

(5) $x=\pm\frac{\sqrt{5}}{2}$　(6) $x=\pm\sqrt{2}$

(7) $x=\pm\frac{\sqrt{30}}{5}$

考え方

(1) $3x^2=5$ より，$x^2=\frac{5}{3}$

$x=\pm\sqrt{\frac{5}{3}}=\pm\frac{\sqrt{15}}{3}$

(3) $2x^2=9$ より，$x^2=\frac{9}{2}$

$x=\pm\sqrt{\frac{9}{2}}=\pm\frac{3\sqrt{2}}{2}$

(6) $8x^2=16$ より，$x^2=2$
$x=\pm\sqrt{2}$

(7) $10x^2=12$ より，$x^2=\frac{12}{10}=\frac{6}{5}$

$x=\pm\sqrt{\frac{6}{5}}=\pm\frac{\sqrt{30}}{5}$

38 2次方程式の解き方④ P.78-79

1 答 (1) $x=\pm\frac{5}{6}$ (2) $x=\pm3$
(3) $x=\pm2$ (4) $x=\pm3\sqrt{3}$
(5) $x=\pm3$ (6) $x=\pm17$

考え方

(1) $36x^2=25$ より，$x^2=\boxed{\frac{25}{36}}$

$x=\pm\frac{5}{6}$

(2) $3x^2=27$ より，$x^2=9$
$x=\pm3$
(3) $6x^2=24$ より，$x^2=4$
$x=\pm2$
(4) $x^2=27$ より，$x=\pm3\sqrt{3}$
(5) $-3x^2=-27$ より，$x^2=9$
$x=\pm3$
(6) $x^2-64=225$ より，$x^2=289$
$x=\pm17$

2 答 (1) $x=2\pm\boxed{\sqrt{5}}$
(2) $x=1\pm\sqrt{7}$ (3) $x=-3\pm\sqrt{5}$
(4) $x=5\pm\sqrt{3}$ (5) $x=8,\ -2$
(6) $x=-1,\ -5$ (7) $x=10,\ 0$
(8) $x=6,\ 0$ (9) $x=4,\ -1$
(10) $x=-1,\ -\frac{7}{3}$
(11) $x=-\frac{1}{2},\ -\frac{5}{2}$
(12) $x=\frac{3}{2},\ -\frac{5}{2}$

考え方

(2) $x-1=\pm\sqrt{7}$ より，$x=1\pm\sqrt{7}$
(3) $x+3=\pm\sqrt{5}$ より，
$x=-3\pm\sqrt{5}$
(5) $x-3=\pm5$ より，
$x-3=5$ または $x-3=\boxed{-5}$
よって，$x=\boxed{8}$，$\boxed{-2}$
(6) $x+3=\pm2$ より，
$x+3=2$ または $x+3=-2$
よって，$x=-1,\ -5$
(7) $x-5=\pm5$ より，
$x-5=5$ または $x-5=-5$
よって，$x=10,\ 0$
(9) $2x-3=\boxed{\pm5}$ より，
$2x=8$ または $2x=-2$
よって，$x=4,\ -1$
(10) $3x+5=\pm2$ より，
$3x=-3$ または $3x=-7$
よって，$x=-1,\ -\frac{7}{3}$
(11) $2x+3=\pm2$ より，
$2x=-1$ または $2x=-5$
よって，$x=-\frac{1}{2},\ -\frac{5}{2}$
(12) $(2x+1)^2=16$ より，
$2x+1=\pm4$
$2x=3$ または $2x=-5$
よって，$x=\frac{3}{2},\ -\frac{5}{2}$

39 2次方程式の解き方⑤ P.80-81

1 答 (1) $x=3\pm2\sqrt{3}$
(2) $x=4\pm\sqrt{11}$ (3) $x=5\pm\sqrt{23}$
(4) $x=-5\pm\sqrt{10}$ (5) $x=2\pm2\sqrt{2}$
(6) $x=4\pm2\sqrt{5}$

考え方

(1) $x^2-6x=3$ より，
$x^2-6x+9=3+9$
$(x-3)^2=12$
$x-3=\pm2\sqrt{3}$
$x=3\pm2\sqrt{3}$

(2) $x^2-8x=-5$ より，
$x^2-8x+16=-5+16$
$(x-4)^2=11$
$x-4=\pm\sqrt{11}$
$x=4\pm\sqrt{11}$

(3) $x^2-10x=\boxed{-2}$ より，
$x^2-10x+25=-2+\boxed{25}$
$(x-5)^2=\boxed{23}$
$x-5=\pm\boxed{\sqrt{23}}$
$x=5\pm\sqrt{23}$

(4) $x^2+10x=-15$ より，
$x^2+10x+25=-15+25$
$(x+5)^2=10$
$x+5=\pm\sqrt{10}$
$x=-5\pm\sqrt{10}$

(5) $x^2-4x=4$ より，
$x^2-4x+4=4+4$
$(x-2)^2=8$
$x-2=\pm2\sqrt{2}$
$x=2\pm2\sqrt{2}$

(6) $x^2-8x=4$ より，
$x^2-8x+16=4+16$
$(x-4)^2=20$
$x-4=\pm2\sqrt{5}$
$x=4\pm2\sqrt{5}$

2 答 (1) $x=\dfrac{-3\pm\boxed{\sqrt{5}}}{2}$

(2) $x=\dfrac{3\pm\sqrt{21}}{2}$　(3) $x=\dfrac{-5\pm\sqrt{33}}{2}$

(4) $x=\dfrac{-1\pm\sqrt{13}}{2}$　(5) $x=\dfrac{-5\pm3\sqrt{5}}{2}$

(6) $x=\dfrac{7\pm\sqrt{69}}{2}$

考え方

(1) $x^2+3x=-1$ より，
$x^2+3x+\left(\dfrac{3}{2}\right)^2=-1+\left(\dfrac{3}{2}\right)^2$
$\left(x+\dfrac{3}{2}\right)^2=\boxed{\dfrac{5}{4}}$
$x+\dfrac{3}{2}=\pm\boxed{\dfrac{\sqrt{5}}{2}}$
$x=\dfrac{-3\pm\boxed{\sqrt{5}}}{2}$

(2) $x^2-3x=3$ より，
$x^2-3x+\left(\dfrac{3}{2}\right)^2=3+\left(\dfrac{3}{2}\right)^2$
$\left(x-\dfrac{3}{2}\right)^2=\dfrac{21}{4}$
$x-\dfrac{3}{2}=\pm\dfrac{\sqrt{21}}{2}$
$x=\dfrac{3\pm\sqrt{21}}{2}$

(4) $x^2+x=3$ より，
$x^2+x+\left(\dfrac{1}{2}\right)^2=3+\left(\dfrac{1}{2}\right)^2$
$\left(x+\dfrac{1}{2}\right)^2=\dfrac{13}{4}$
$x+\dfrac{1}{2}=\pm\dfrac{\sqrt{13}}{2}$
$x=\dfrac{-1\pm\sqrt{13}}{2}$

(6) $x^2-7x=5$ より，
$x^2-7x+\left(\dfrac{7}{2}\right)^2=5+\left(\dfrac{7}{2}\right)^2$
$\left(x-\dfrac{7}{2}\right)^2=\dfrac{69}{4}$
$x-\dfrac{7}{2}=\pm\dfrac{\sqrt{69}}{2}$
$x=\dfrac{7\pm\sqrt{69}}{2}$

40 2次方程式の解き方⑥ P.82-83

1 答 (1) $x=\dfrac{-3\pm\boxed{\sqrt{5}}}{2}$

(2) $x=\dfrac{-5\pm\sqrt{17}}{2}$　(3) $x=\dfrac{7\pm\sqrt{29}}{2}$

(4) $x=\dfrac{-3\pm\boxed{\sqrt{21}}}{6}$　(5) $x=\dfrac{-7\pm\sqrt{33}}{4}$

(6) $x=\dfrac{5\pm\sqrt{57}}{8}$　(7) $x=\dfrac{4\pm\sqrt{6}}{5}$

考え方

(1) $x=\dfrac{-3\pm\sqrt{3^2-4\times1\times\boxed{1}}}{2\times1}$
$=\dfrac{-3\pm\sqrt{\boxed{5}}}{2}$

(2) $x=\dfrac{-5\pm\sqrt{5^2-4\times1\times2}}{2\times1}$
$=\dfrac{-5\pm\sqrt{17}}{2}$

考え方

(3) $x=\dfrac{-(-7)\pm\sqrt{(-7)^2-4\times1\times5}}{2\times1}$

$=\dfrac{7\pm\sqrt{29}}{2}$

(4) $x=\dfrac{-3\pm\sqrt{3^2-4\times3\times(\boxed{-1})}}{2\times3}$

$=\dfrac{-3\pm\sqrt{\boxed{21}}}{6}$

(5) $x=\dfrac{-7\pm\sqrt{7^2-4\times2\times2}}{2\times2}$

$=\dfrac{-7\pm\sqrt{33}}{4}$

(6) $x=\dfrac{-(-5)\pm\sqrt{(-5)^2-4\times4\times(-2)}}{2\times4}$

$=\dfrac{5\pm\sqrt{57}}{8}$

(7) $x=\dfrac{-(-8)\pm\sqrt{(-8)^2-4\times5\times2}}{2\times5}$

$=\dfrac{8\pm\sqrt{24}}{10}=\dfrac{8\pm2\sqrt{6}}{10}=\dfrac{4\pm\sqrt{6}}{5}$

2 答 (1) $x=2,\ \dfrac{2}{5}$　(2) $x=\dfrac{-2\pm\sqrt{10}}{2}$

(3) $x=\dfrac{3\pm\sqrt{7}}{2}$　(4) $x=\dfrac{-1\pm\sqrt{19}}{6}$

考え方

(1) $x=\dfrac{-(-12)\pm\sqrt{(-12)^2-4\times5\times4}}{2\times5}$

$=\dfrac{12\pm\sqrt{64}}{10}=\dfrac{12\pm8}{10}$

よって，$x=2,\ \dfrac{2}{5}$

(2) 両辺に -1 をかけて，

$2x^2+4x-3=0$

$x=\dfrac{-4\pm\sqrt{4^2-4\times2\times(-3)}}{2\times2}$

$=\dfrac{-4\pm2\sqrt{10}}{4}=\dfrac{-2\pm\sqrt{10}}{2}$

(3) 両辺に 6 をかけて，

$2x^2-6x+1=0$

$x=\dfrac{-(-6)\pm\sqrt{(-6)^2-4\times2\times1}}{2\times2}$

$=\dfrac{6\pm2\sqrt{7}}{4}=\dfrac{3\pm\sqrt{7}}{2}$

(4) $6x^2+2x-3=0$

$x=\dfrac{-2\pm\sqrt{2^2-4\times6\times(-3)}}{2\times6}$

$=\dfrac{-2\pm2\sqrt{19}}{12}=\dfrac{-1\pm\sqrt{19}}{6}$

3 答 (1) $x=15,\ 6$　(2) $x=15,\ 6$

考え方

(1) $x=\dfrac{-(-21)\pm\sqrt{(-21)^2-4\times1\times90}}{2\times1}$

$=\dfrac{21\pm\sqrt{81}}{2}=\dfrac{21\pm9}{2}$

よって，$x=15,\ 6$

(2) $x^2-21x+90=0$

$(x-\boxed{15})(x-\boxed{6})=0$

よって，$x=15,\ 6$

41 2次方程式の解き方のまとめ P.84-85

1 答 (1) $x=\pm9$　(2) $x=0,\ 5$

(3) $x=7,\ -9$　(4) $x=6$

(5) $x=2,\ -9$　(6) $x=1,\ 5$

(7) $x=2,\ 6$　(8) $x=1,\ -3$

(9) $x=3,\ 4$　(10) $x=0,\ -2$

考え方

(1) $(x+9)(x-9)=0$ より，

$x+9=0$ または $x-9=0$

$x=-9,\ 9$

(2) $x(x-5)=0$ より，

$x=0$ または $x-5=0$

よって，$x=0,\ 5$

(3) $(x-7)(x+9)=0$ より，

$x=7,\ -9$

(5) $(x-2)(x+9)=0$ より，

$x=2,\ -9$

(6) $(x-1)(x-5)=0$ より，

$x=1,\ 5$

(7) $x^2-7x+12-x=0$ より，

$x^2-8x+12=0$

$(x-2)(x-6)=0$　$x=2,\ 6$

(8) $x^2+6x+9-4x-12=0$ より，

$x^2+2x-3=0$

$(x-1)(x+3)=0$　$x=1,\ -3$

(10) $4x^2+4x+1=x^2-2x+1$ より，

$3x^2+6x=0$

$3x(x+2)=0$　$x=0,\ -2$

2 答 (1) $x=\pm\dfrac{7}{3}$　(2) $x=13,\ 3$

(3) $x=-4\pm5\sqrt{2}$　(4) $x=\dfrac{5}{2},\ -\dfrac{7}{2}$

考え方

(2) $(x-8)^2=25$ より，
$x-8=\pm 5$
$x-8=5$ または $x-8=-5$
$x=13,\ 3$

(3) $(x+4)^2=50$ より，
$x+4=\pm 5\sqrt{2}$
$x=-4\pm 5\sqrt{2}$

(4) $(2x+1)^2=36$ より，
$2x+1=\pm 6$
$2x=5$ または $2x=-7$
よって，$x=\frac{5}{2},\ -\frac{7}{2}$

3 答 (1) $x=-3\pm\sqrt{5}$　(2) $x=\frac{7\pm\sqrt{85}}{2}$

(3) $x=\frac{-7\pm\sqrt{33}}{4}$　(4) $x=\frac{5\pm\sqrt{57}}{8}$

考え方

(1) $x=\frac{-6\pm\sqrt{6^2-4\times 1\times 4}}{2\times 1}$
$=\frac{-6\pm 2\sqrt{5}}{2}=-3\pm\sqrt{5}$

(2) $x=\frac{-(-7)\pm\sqrt{(-7)^2-4\times 1\times(-9)}}{2\times 1}$
$=\frac{7\pm\sqrt{85}}{2}$

(3) $x=\frac{-7\pm\sqrt{7^2-4\times 2\times 2}}{2\times 2}$
$=\frac{-7\pm\sqrt{33}}{4}$

(4) $x=\frac{-(-5)\pm\sqrt{(-5)^2-4\times 4\times(-2)}}{2\times 4}$
$=\frac{5\pm\sqrt{57}}{8}$

3 答 (1) $a=5$　(2) $\frac{3}{2}$

考え方

(1) この方程式に $x=-4$ を代入すると，
$2\times(-4)^2+a\times(-4)-12=0$
$a=5$

(2) $2x^2+5x-12=0$ を解くと，
$x=\frac{-5\pm\sqrt{5^2-4\times 2\times(-12)}}{2\times 2}$
$=\frac{-5\pm\sqrt{121}}{4}=\frac{-5\pm 11}{4}$
$x=\frac{3}{2},\ -4$

4 答 a の値…-3，他の解…$-\frac{1}{2}$

5 答 a…-5，b…6

考え方

この方程式に $x=2$ を代入すると，
$2^2+2a+b=0$ ……①
また，$x=3$ を代入すると，
$3^2+\boxed{3}a+b=0$ ……②
①，②を解いて，$a=-5$，$b=6$

6 答 $x=-4,\ 6$

考え方

$x=5$ のとき $y=-9$ だから，
$-9=5^2+5a+b$ ……①
$x=-5$ のとき $y=11$ だから
$11=(-5)^2-5a+b$ ……②
①，②を解いて，$a=-2$，$b=-24$
よって，$y=0$ となるのは，
$x^2-2x-24=0$ となるときで，
$(x+4)(x-6)=0$　$x=-4,\ 6$

 2次方程式の応用①　P.86-87

1 答 $a=-18$

考え方

この方程式に $x=6$ を代入すると，
$6^2-3\times\boxed{6}+a=0$，$a=-18$

2 答 $a=-8$

考え方

この方程式に $x=-3+\sqrt{17}$ を代入すると，
$(-3+\sqrt{17})^2+6(-3+\sqrt{17})+a=0$
$9-6\sqrt{17}+17-18+6\sqrt{17}+a=0$
$8+a=0$，$a=-8$

43 2次方程式の応用②　P.88-89

1 答 8，-9

考え方

ある数を x とすると，
$x+\boxed{x^2}=72$，$x^2+x-72=0$
$(x-8)(x+9)=0$　$x=8,\ -9$

2 答 6，-7

考え方

ある数を x とすると，
$x+x^2=42$，$x^2+x-42=0$
$(x-6)(x+7)=0$　$x=6,\ -7$

3 答 12と4

考え方

大きいほうの自然数をxとすると，小さいほうの自然数は$\boxed{x-8}$と表される。

$x(\boxed{x-8})=48$，$x^2-8x-48=0$

$(x+4)(x-12)=0$　　$x=-4$，12

xは自然数だから，$x=12$

小さいほうの自然数は $12-8=4$

4 答 6と14

考え方

一方の自然数をxとすると，他方の自然数は$\boxed{20-x}$と表される。

$x(\boxed{20-x})=84$，$x^2-20x+84=0$

$(x-6)(x-14)=0$

xは20より小さい自然数だから，

$x=6$，14

5 答 9

考え方

ある自然数をxとすると，

$x^2=2x+\boxed{63}$，$x^2-2x-63=0$

$(x+7)(x-9)=0$　　$x=-7$，9

xは自然数だから，$x=9$

6 答 十二角形

考え方

$\frac{n(n-3)}{2}=54$，$n^2-3n-108=0$

$(n+9)(n-12)=0$　　$n=-9$，12

nは自然数だから，$n=12$

44 2次方程式の応用③ P.90-91

1 答 6と7

考え方

小さいほうの自然数をxとすると，2つの自然数は，x，$\boxed{x+1}$と表される。

$x^2+(\boxed{x+1})^2=85$，$2x^2+2x-84=0$

$x^2+x-42=0$，$(x-6)(x+7)=0$

$x=6$，-7

xは自然数だから，$x=6$

2 答 7，8，9

考え方

もっとも小さい自然数をxとすると，3つの自然数は，順に，x，$\boxed{x+1}$，$\boxed{x+2}$と表される。

$x^2+(x+1)^2+(x+2)^2=194$

$3x^2+6x-189=0$

$x^2+2x-63=0$

$(x-7)(x+9)=0$

$x=7$，-9

xは自然数だから，$x=7$

3 答 4，5，6

考え方

もっとも小さい自然数をxとすると，

$x(x+1)=x+(x+1)+(x+2)+5$

$x^2-2x-8=0$

$(x+2)(x-4)=0$

$x=-2$，4

xは自然数だから，$x=4$

4 答 10 cmと15 cm

考え方

縦の長さをx cmとすると，横の長さは$(\boxed{25}-x)$ cmと表される。

$x(25-x)=150$

$x^2-25x+150=0$

$(x-10)(x-15)=0$

$x=10$，15

$0<x<25$だから，これらは問題にあっている。

5 答 (1)　80 m　(2)　2秒後，6秒後　(3)　8秒後

考え方

(1)　$h=40t-5t^2$に$t=4$を代入すると，

$h=40\times4-5\times4^2=80$

(2)　$60=40t-5t^2$を解くと，

$5t^2-40t+60=0$

$t^2-8t+12=0$

$(t-2)(t-6)=0$

$t=2$，6　（$t>0$をみたす。）

(3)　$0=40t-5t^2$を解くと，

$t^2-8t=0$

$t(t-8)=0$　　$t=0$，8

$t>0$だから，$t=8$

45 2次方程式の応用④ P.92-93

1 答 3 m

考え方

道幅を x mとすると，畑は縦が$(21-x)$ m，横が$(33-\boxed{x})$ mの長方形と考えられる。

$(21-x)(33-x)=540$

$x^2-54x+693=540$

$x^2-54x+153=0$

$(x-3)(x-51)=0$

$x=3,\ 51$

$0<x<21$ だから，$x=3$

2 答 2 m

考え方

道幅を x mとすると，

$(17-x)(24-x)=330$

$x^2-41x+78=0$

$(x-2)(x-39)=0$

$x=2,\ 39$

$0<x<17$ だから，$x=2$

3 答 縦…16 cm，横…20 cm

考え方

はじめの厚紙の縦の長さを x cmとすると，横の長さは $(x+4)$ cmとなる。直方体の縦は$(x-6)$ cm，横は$(x-\boxed{2})$ cm，高さは3 cmだから，

$3(x-6)(x-2)=420$

$x^2-8x-128=0$

$(x+8)(x-16)=0$

$x=-8,\ 16$

$6<x$ だから，$x=16$

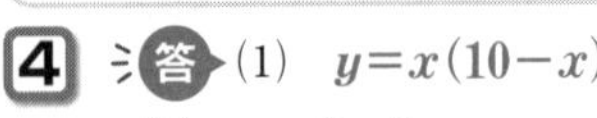

4 答 (1) $y=x(10-x)$

(2) $x=3,\ 7$

考え方

(1) BP$=(10-x)$ cm　BQ$=2x$ cm だから，

$y=\triangle\mathrm{PBQ}=\frac{1}{2}\times(10-x)\times 2x$

$=x(10-x)$

(2) $x(10-x)=21$ を解くと，

$x^2-10x+21=0$

$(x-3)(x-7)=0$

$x=3,\ 7$　($0\leqq x\leqq 10$ をみたす。)

5 答 (1) $(12-x)$ cm

(2) 5 cm，7 cm

考え方

(1) AF$=$DF$=x$ cm だから，FC$=(12-x)$ cm

(2) $x(12-x)=35$ を解くと，

$x^2-12x+35=0$

$(x-5)(x-7)=0$

$x=5,\ 7$　($0<x<12$ をみたす。)

46 2次方程式の応用⑤ P.94-95

1 答 $2,\ \frac{1}{4}$

考え方

もとの数を x とすると，

$4x^2=\boxed{9x-2}$，$4x^2-9x+2=0$

$x=\frac{-(-9)\pm\sqrt{(-9)^2-4\times4\times2}}{2\times4}$

$=\frac{9\pm\sqrt{49}}{8}=\frac{9\pm7}{8}$

よって，$x=2,\ \frac{1}{4}$

2 答 $\frac{3}{2}$と$-\frac{1}{2}$

考え方

一方の数を x とすると，他方の数は，$1-x$ と表される。

$x(1-x)=-\frac{3}{4}$，$4x^2-4x-3=0$

$x=\frac{-(-4)\pm\sqrt{(-4)^2-4\times4\times(-3)}}{2\times4}$

$=\frac{4\pm\sqrt{64}}{8}=\frac{4\pm8}{8}$

よって，$x=\frac{3}{2},\ -\frac{1}{2}$

3 答 $x=1+\sqrt{5}$

考え方

新たな長方形の縦が$(6-x)$ m，横が$(4+x)$ mだから，

$(6-x)(4+x)=20$，$24+2x-x^2=20$

$x^2-2x-4=0$

$x=\frac{-(-2)\pm\sqrt{(-2)^2-4\times1\times(-4)}}{2\times1}$

$=\frac{2\pm2\sqrt{5}}{2}=1\pm\sqrt{5}$

$0<x<6$ だから，$x=1+\sqrt{5}$

4 答 $\frac{1}{2}$m

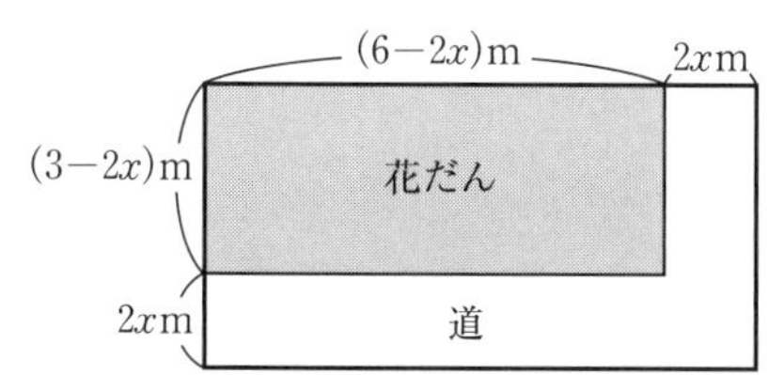

考え方

上の図のように，道を端によせても花だんの面積は変わらない。
道幅を x m とすると，花だんは縦が $(3-2x)$ m，横が $(6-\boxed{2x})$ m の長方形と考えられる。

$(3-2x)(6-2x)=10$

$18-18x+4x^2=10$

$4x^2-18x+8=0$

$2x^2-9x+4=0$

$x=\dfrac{-(-9)\pm\sqrt{(-9)^2-4\times2\times4}}{2\times2}$

$=\dfrac{9\pm\sqrt{49}}{4}=\dfrac{9\pm7}{4}$

よって，$x=4,\ \frac{1}{2}$

$0<x<\frac{3}{2}$ だから，$x=\frac{1}{2}$

5 答 $(4-2\sqrt{2})$ m

考え方

求める幅を x m とすると，

$\pi\times(4-x)^2=\pi\times4^2\times\frac{1}{2}$

$x^2-8x+16=8,\ x^2-8x+8=0$

$x=\dfrac{-(-8)\pm\sqrt{(-8)^2-4\times1\times8}}{2\times1}$

$=\dfrac{8\pm4\sqrt{2}}{2}=4\pm2\sqrt{2}$

$0<x<4$ だから，$x=4-2\sqrt{2}$

6 答 $\dfrac{4\pm\sqrt{2}}{2}$ 秒後

考え方

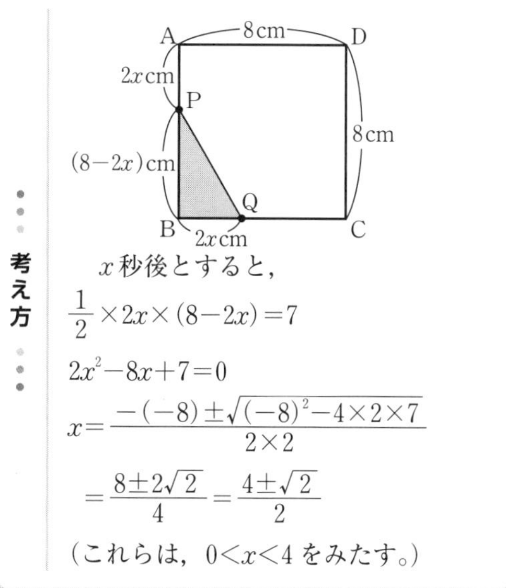

x 秒後とすると，

$\frac{1}{2}\times2x\times(8-2x)=7$

$2x^2-8x+7=0$

$x=\dfrac{-(-8)\pm\sqrt{(-8)^2-4\times2\times7}}{2\times2}$

$=\dfrac{8\pm2\sqrt{2}}{4}=\dfrac{4\pm\sqrt{2}}{2}$

（これらは，$0<x<4$ をみたす。）

47 2次方程式のまとめ① P.96-97

1 答 (1) $x=2,\ 6$　(2) $x=-7,\ -8$
(3) $x=\pm6$　(4) $x=-3$
(5) $x=0,\ -\frac{5}{2}$　(6) $x=2,\ -12$
(7) $x=-4,\ 9$　(8) $x=4,\ -7$

考え方

(4) $(x+3)^2=0$ より，$x=-3$
(5) $x(2x+5)=0$ より，
$x=0,\ -\frac{5}{2}$

2 答 (1) $x=5,\ -7$　(2) $x=1$

考え方

(1) $x^2+2x-3=32$ より，
$(x-5)(x+7)=0$
$x=5,\ -7$
(2) $x^2+x-6-3x+7=0$
$(x-1)^2=0$　$x=1$

3 答 $a=-3,\ b=-4$

考え方

この方程式に $x=-1$ を代入すると，
$(-1)^2-a+b=0$ ……①
また，$x=4$ を代入すると，
$4^2+4a+b=0$ ……②
①，②を解くと，$a=-3,\ b=-4$

4 答 $-4,\ -3,\ -2$ または $6,\ 7,\ 8$

考え方

もっとも小さい整数を x とすると，
$x^2+(x+1)^2+(x+2)^2=2(x+2)^2+21$
$3x^2+6x+5=2x^2+8x+29$
$x^2-2x-24=0$
$(x+4)(x-6)=0$
$x=-4,\ 6$

48 2次方程式のまとめ② P.98-99

1 答 (1) $x=\pm3$　(2) $x=-2,\ -8$
(3) $x=-2\pm2\sqrt{3}$　(4) $x=\pm\frac{\sqrt{11}}{11}$

考え方

(3) $(x+2)^2=12$ より，
$x+2=\pm2\sqrt{3}$
$x=-2\pm2\sqrt{3}$

2 答 (1) $x=-4\pm\sqrt{10}$
(2) $x=\frac{3\pm\sqrt{17}}{2}$　(3) $x=-\frac{1}{2},\ -2$
(4) $x=\frac{7\pm\sqrt{13}}{6}$

考え方

(1) $x=\frac{-8\pm\sqrt{8^2-4\times1\times6}}{2\times1}$
$=\frac{-8\pm2\sqrt{10}}{2}$
$=-4\pm\sqrt{10}$
(3) $x=\frac{-5\pm\sqrt{5^2-4\times2\times2}}{2\times2}$
$=\frac{-5\pm\sqrt{9}}{4}=\frac{-5\pm3}{4}$
よって，$x=-\frac{1}{2},\ -2$

3 答 10，12，14

考え方

もっとも小さい偶数を x とすると，3つの偶数は x，$x+2$，$x+4$ と表される。
$x^2+(x+2)^2+(x+4)^2=440$
$3x^2+12x+20=440$
$3x^2+12x-420=0$
$x^2+4x-140=0$
$(x+14)(x-10)=0$
$x=-14,\ 10$
x は正の偶数だから，$x=10$

4 答 5 m

考え方

道幅を x m とすると，
$(30-x)(45-x)=1000$
$1350-75x+x^2=1000$
$x^2-75x+350=0$
$(x-5)(x-70)=0$
$x=5,\ 70$　$0<x<30$ だから，$x=5$

5 答 $\frac{5\pm\sqrt{7}}{2}$ 秒後

考え方

P，Qが出発してから x 秒後とすると，BQ$=2x$ cm，CP$=(10-2x)$ cm だから，
$\frac{1}{2}\times2x\times(10-2x)=9$
$2x^2-10x+9=0$
$x=\frac{-(-10)\pm\sqrt{(-10)^2-4\times2\times9}}{2\times2}$
$=\frac{10\pm2\sqrt{7}}{4}=\frac{5\pm\sqrt{7}}{2}$
$0<x<5$ だから，$x=\frac{5\pm\sqrt{7}}{2}$

49 2乗に比例する関数① P.100-101

1 答 (1) $y=x^2$
(2)

1辺 x (cm)	1	2	3	4	5	6
面積 y (cm^2)	1	4	9	16	25	36

(3) $y=64$

2 答 (1) $y=2x^2$
(2)

縦　x (cm)	1	2	3	4	5	6
面積 y (cm^2)	2	8	18	32	50	72

(3) $y=128$

3 答 (1) $y=\frac{1}{2}x^2$
(2)

底辺 x (cm)	1	2	3	4	5	6
面積 y (cm^2)	$\frac{1}{2}$	2	$\frac{9}{2}$	8	$\frac{25}{2}$	18

考え方

三角形の面積$=\frac{1}{2}\times$底辺$\times$高さ

4 答 (1)

時間 x（秒）	0	1	2	3	4	5
x^2	0	1	4	9	16	25
距離 y（m）	0	5	20	45	80	125

(2) $y=5x^2$　　(3) 180 m

考え方
(3) $y=5x^2$ に $x=6$ を代入すると，
$y=5\times6^2=180$

5 答 イ，ウ，オ

考え方
y が x の 2 乗に比例する関数の式は
$y=ax^2$（a は定数）
と表される。イ，ウ，オがこれにあたる。ア，カは y が x に比例する関数，エは y が x の 2 乗に反比例する関数である。

50 2乗に比例する関数② P.102-103

1 答 (1) $y=50$　　(2) $y=50$
(3) $y=-75$　　(4) $y=-75$
(5) $a=2$　　(6) $a=\frac{3}{8}$

考え方
(1) $y=2x^2$ に $x=5$ を代入すると，
$y=2\times5^2=50$
(2) $y=2x^2$ に $x=-5$ を代入すると，
$y=2\times(-5)^2=50$
(5) $y=ax^2$ に $x=2$，$y=8$ を代入すると，
$8=a\times2^2$，$a=2$
(6) $y=ax^2$ に $x=-4$，$y=6$ を代入すると，
$6=a\times(-4)^2$，$a=\frac{3}{8}$

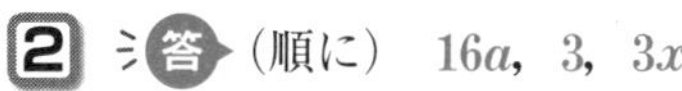

2 答 （順に） $16a$，3，$3x^2$

3 答 (1) $y=3x^2$　　(2) $y=\frac{1}{2}x^2$
(3) $y=5x^2$　　(4) $y=-9x^2$

考え方
$y=ax^2$ とおいて，x，y の値を代入して，a の値を求める。
(1) $12=a\times2^2$，$a=3$
(3) $5=a\times(-1)^2$，$a=5$
(4) $-81=a\times3^2$，$a=-9$

4 答 (1) $y=-\frac{1}{4}x^2$　　(2) $y=-4$

考え方
(1) $y=ax^2$ とおいて，$x=6$，$y=-9$ を代入すると，
$-9=a\times6^2$，$a=-\frac{1}{4}$
(2) $y=-\frac{1}{4}x^2$ に $x=4$ を代入すると，
$y=-\frac{1}{4}\times4^2=-4$

51 2乗に比例する関数③ P.104-105

1 答 (1)

x	1	2	3	4	5	6
y	2	8	18	32	50	72

(2) 4 倍　　(3) 9 倍　　(4) 16倍

考え方
(1) $y=2x^2$ の x に 1，2，…，6 を代入して求める。
(2) (1)の表より，
$x=1$ のとき $y=2$
$x=2$ のとき $y=8$
であるから，y の値は $8\div2=4$（倍）になる。

2 答 (1)

x	1	2	3	4	5	6
y	$-\frac{1}{2}$	-2	$-\frac{9}{2}$	-8	$-\frac{25}{2}$	-18

(2) 4 倍　　(3) 9 倍　　(4) 16倍

考え方
(2) (1)の表より，
$x=1$ のとき $y=-\frac{1}{2}$
$x=2$ のとき $y=-2$
であるから，y の値は
$-2\div\left(-\frac{1}{2}\right)=4$（倍）になる。

3 答 (1)

x	1	2	3	4
y	6	24	54	96

(2) $y=6x^2$　　(3) $y=600$　　(4) 4 倍

考え方
(2) 直方体の体積
＝底面積×高さ
(3) $y=6x^2$ に $x=10$ を代入すると，
$y=6\times10^2=600$

考え方

(4) (1)の表より，
$x=1$ のとき $y=6$
$x=2$ のとき $y=24$
であるから，y の値は $24\div6=4$（倍）になる。

4 答 (1) $y=\frac{1}{200}x^2$　(2) 8 m

(3) 12.5 m

考え方

(1) $y=ax^2$ とおいて，$x=20$，$y=2$ を代入すると，

$2=a\times20^2$，$a=\frac{1}{200}$

(2) $y=\frac{1}{200}x^2$ に $x=40$ を代入すると，

$y=\frac{1}{200}\times40^2=8$(m)

52 $y=x^2$ のグラフ

P.106-107

1 答 (1)

x	−3	−2.5	−2	−1.5	−1	−0.5	0	0.5	1	1.5	2	2.5	3
y	9	6.25	4	2.25	1	0.25	0	0.25	1	2.25	4	6.25	9

(2)，(3) 右の図

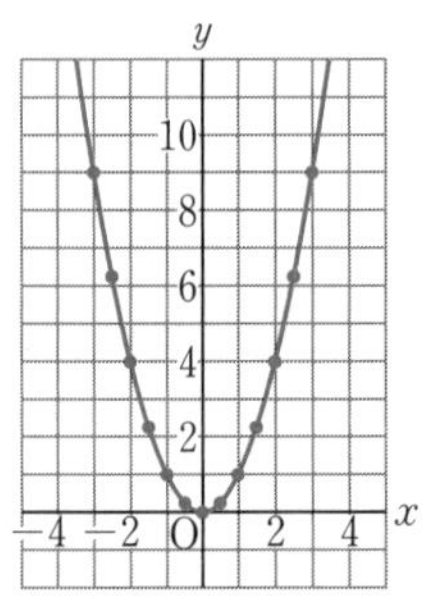

考え方

(3) 原点を通り，y 軸について対称ななめらかな曲線となる。

2 答 イ，ウ，オ，カ

3 答 (1)

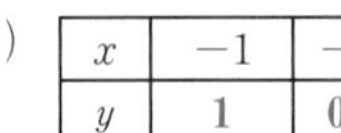

x	−1	−0.8	−0.6	−0.4	−0.2	0	0.2	0.4	0.6	0.8	1
y	1	0.64	0.36	0.16	0.04	0	0.04	0.16	0.36	0.64	1

(2)，(3) 右の図

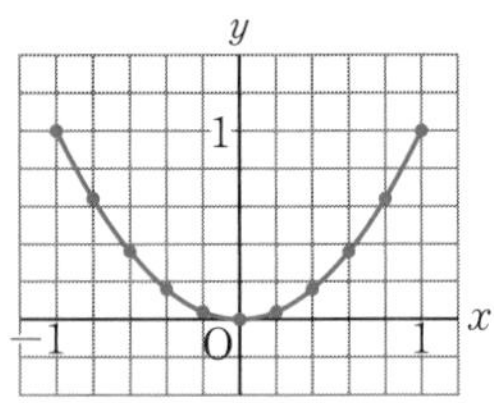

考え方

(3) x の値の範囲に注意する。

4 答 ① 放物線

② 原点　下　③ y 軸

④ 減少　増加

53 $y=ax^2$ のグラフ①

P.108-109

1 答

(1)

x	−2	−1.5	−1	−0.5	0	0.5	1	1.5	2
y	8	4.5	2	0.5	0	0.5	2	4.5	8

(2)

x	−4	−3	−2	−1	0	1	2	3	4
y	8	$\frac{9}{2}$	2	$\frac{1}{2}$	0	$\frac{1}{2}$	2	$\frac{9}{2}$	8

(3) 右の図

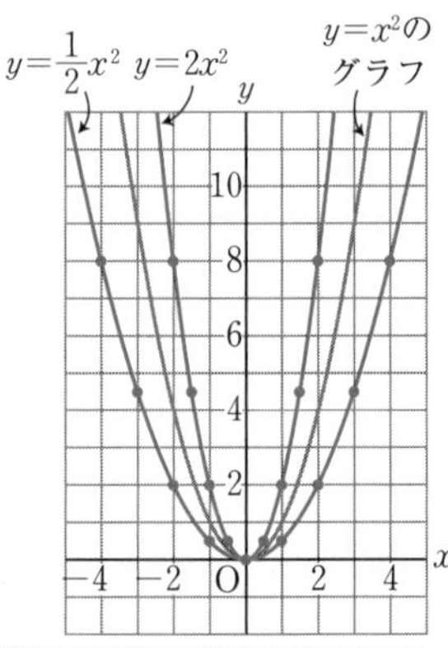

考え方

(3) (1)，(2)でつくった表をもとに点をとり，なめらかな曲線で結ぶ。

2 答 右の図

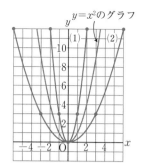

考え方　できるだけ多くの点をとってなめらかな曲線で結ぶ。下の表を参照。

(1)　$y=3x^2$

x	-2	-1	0	1	2
y	12	3	0	3	12

(2)　$y=\frac{1}{3}x^2$

x	-6	-3	0	3	6
y	12	3	0	3	12

3 答 $a=4$

考え方　$y=ax^2$ に $x=2$, $y=16$ を代入すると, $16=a\times2^2$, $a=4$

4 答 (1)　$y=\frac{3}{2}x^2$　(2)　$y=x^2$

(3)　$y=\frac{1}{4}x^2$

考え方　$y=ax^2$ とおいて，グラフが通る点の座標より，a の値を求める。
(1)　グラフが点(2, 6)を通るから，$y=ax^2$ に $x=2$, $y=6$ を代入すると，
$6=a\times2^2$, $a=\frac{3}{2}$

54 $y=ax^2$ のグラフ②　P.110-111

1 答 (1)

x	-4	-2	0	2	4
y	8	2	0	2	8

(2)

x	-4	-2	0	2	4
y	-8	-2	0	-2	-8

(3)　(順に)符号, x 軸

(4)　下の図　(5)　$y=-2x^2$

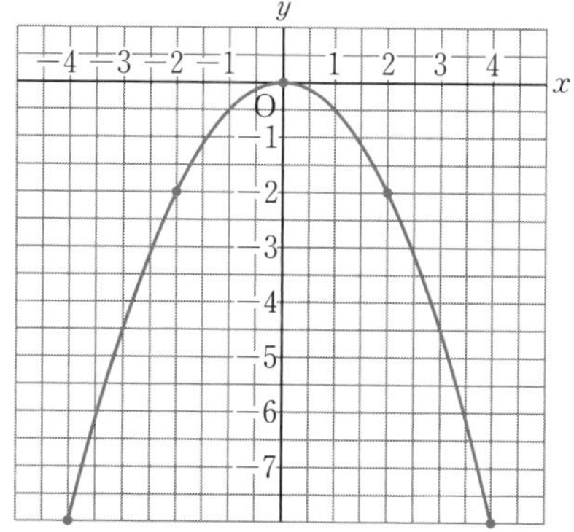

考え方　(5)　$y=2x^2$ のグラフと係数の符号が反対のグラフの式を答える。

2 答 (1)　$y=-\frac{1}{3}x^2$　(2)　$y=-\frac{3}{2}x^2$

(3)　$y=-4x^2$

考え方　(1)　$y=ax^2$ とおいて，$x=6$, $y=-12$ を代入すると，
$-12=a\times6^2$, $a=-\frac{1}{3}$

3 答 ①　ウ　②　ア　③　エ
④　イ

考え方　$y=ax^2$ のグラフは，$a>0$ のとき a の値が大きいほど，グラフの開き方は小さくなる。
$2>1>\frac{1}{3}$ から，③がエ，②がア，①がウとなる。

55 $y=ax^2$ のグラフと変域　P.112-113

1 答 (1)

x	-1	0	1	2	3
y	1	0	1	4	9

(2)　右の図

(3)　①　1
②　0
③　9
(順に)9, 0

(4)　$0\leqq y\leqq9$

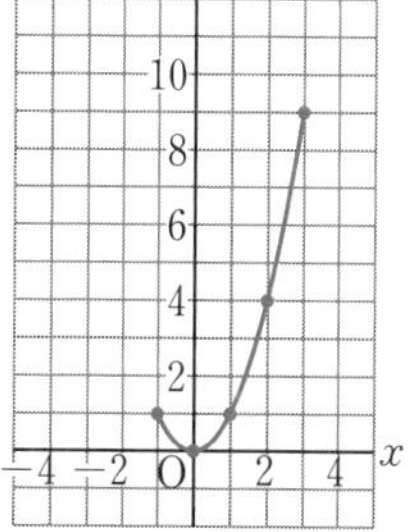

考え方　(4)　y の変域はグラフを使って考える。

2 答 (1) $y=2$

(2) $y=8$

(3) 右の図

(4) $0 \leqq y \leqq 8$

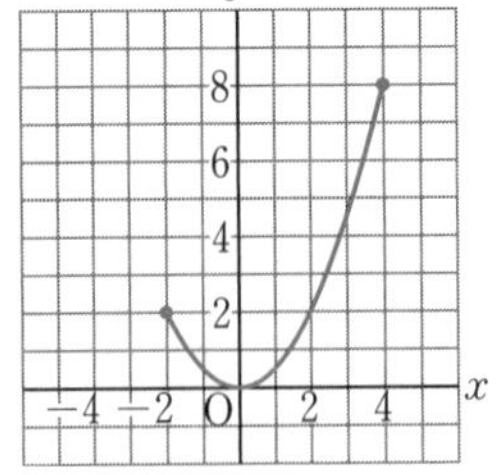

考え方

(4) $x=0$ のとき最小値 0，
$x=4$ のとき最大値 8 をとる。

3 答 (1) $2 \leqq y \leqq 50$

(2) $-25 \leqq y \leqq -9$

(3) $0 \leqq y \leqq 27$

(4) $-108 \leqq y \leqq 0$

考え方

x の変域に 0 をふくむ場合に注意する。

(1) x の変域に 0 をふくまない。
$x=1$ のとき $y=2$
$x=5$ のとき $y=50$
であるから，$2 \leqq y \leqq 50$

(2) x の変域に 0 をふくまない。
$x=-5$ のとき $y=-25$
$x=-3$ のとき $y=-9$
であるから，$-25 \leqq y \leqq -9$

(3) x の変域に 0 をふくむ。
$x=-3$ のとき最大値27，
$x=0$ のとき最小値 0 をとる。

(4) x の変域に 0 をふくむ。
$x=6$ のとき最小値 -108，
$x=0$ のとき最大値 0 をとる。

56 変化の割合①

P.114-115

1 答 (1) 2 (2) 4 (3) 2 (4) 4

考え方

(2) y は 0 から 4 まで 4 増加する。

(3) $\frac{4}{2}=2$

(4) $x=4$ のとき $y=16$ より
$\frac{16-0}{4-0}=4$

2 答 (1) 8 (2) 16

考え方

(1) $x=1$ のとき $y=2$
$x=3$ のとき $y=18$
よって，$\frac{18-2}{3-1}=8$

(2) $x=5$ のとき $y=50$
よって，$\frac{50-18}{5-3}=16$

3 答 (1) $y=2$ (2) -1 (3) 1

考え方

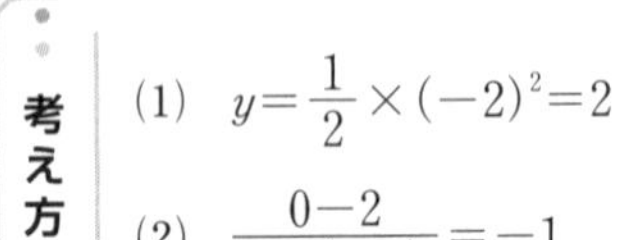

(1) $y=\frac{1}{2}\times(-2)^2=2$

(2) $\frac{0-2}{0-(-2)}=-1$

4 答 (1) 12 (2) -12

考え方

(1) $x=1$ のとき $y=3$
$x=3$ のとき $y=27$
よって，$\frac{27-3}{3-1}=12$

(2) $x=1$ のとき $y=-3$
$x=3$ のとき $y=-27$
よって，$\frac{-27-(-3)}{3-1}=-12$

5 答 (1) 5 (2) 5

考え方

(1) $\frac{16-1}{4-1}=5$

(2) x の値が 1 から 4 まで 3 ふえると，y の値は 1 から16まで15ふえるから，直線ABの傾きは 5 である。

57 変化の割合②

P.116-117

1 答 (1) $y=4a$ (2) $y=16a$ (3) $12a$ (4) $6a$ (5) $a=2$

考え方

(1) $y=a\times 2^2=4a$

(3) $16a-4a=12a$

(4) (3)より，$\frac{12a}{2}=6a$

(5) (4)より，$6a=12$，$a=2$

2 答 (1) $3a$ (2) $a=1$ (3) -3

考え方

(1) $x=0$ のとき $y=0$
$x=3$ のとき $y=9a$
よって，$\dfrac{9a-0}{3-0}=3a$

(2) $3a=3$，$a=1$

(3) $\dfrac{0-9}{0-(-3)}=-3$

3 答 (1) **$a=1$**　(2) **$a=6$**

考え方

(1) $x=3$ のとき $y=9a$
$x=5$ のとき $y=25a$
よって，$\dfrac{25a-9a}{5-3}=8$ より，
$8a=8$，$a=1$

(2) $x=-4$ のとき $y=16a$
$x=-1$ のとき $y=a$
よって，$\dfrac{a-16a}{-1-(-4)}=-30$ より，
$-5a=-30$，$a=6$

4 答 (1)

x (秒)	0	1	2	3	4	5	6
y (m)	0	2	8	18	32	50	72

(2) **30 m**　(3) **10 m/秒**
(4) **20 m/秒**

考え方

(2) $32-2=30$ (m)

(3) $\dfrac{30}{3}=10$ (m/秒)

(4) $\dfrac{72-32}{6-4}=20$ (m/秒)

58 放物線と直線

P.118-119

1 答 (1) 右の図
(2) **A (−1, 1)**
B (2, 4)
(3) **$y=x+6$**

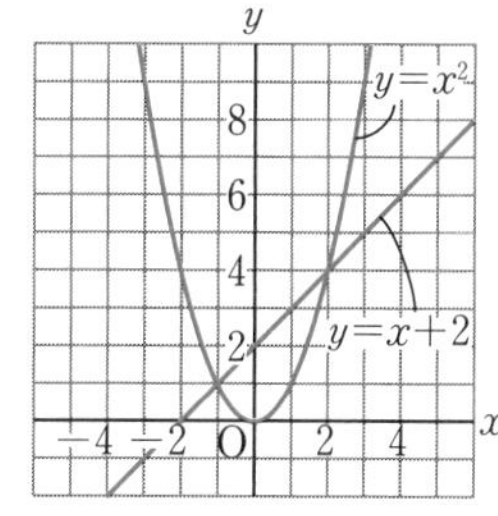

考え方

(2) $x^2=x+2$ より，$x^2-x-2=0$
$(x+1)(x-2)=0$　$x=-1$，2
$x=-1$ のとき $y=-1+2=1$
$x=2$ のとき $y=2+2=4$

(3) 2点C (−2, 4)，D (3, 9) を通る直線をかいて求める。

2 答 (1) **Q (2, 0)**　(2) **4 cm²**

考え方

(2) OQ=2cm，PQ=4cm だから，
$\triangle OPQ=\dfrac{1}{2}\times OQ\times PQ$
$=\dfrac{1}{2}\times 2\times 4=4$ (cm²)

3 答 (1)
A (−2, 2)
B (4, 8)
(2) 右の図
(3) **$b=4$**
(4) **12 cm²**

考え方

(1) $y=\dfrac{1}{2}x^2$ に $x=-2$，$x=4$ を代入して y 座標を求める。

(3) $y=x+b$ に $x=-2$，$y=2$ を代入すると，
$2=-2+b$，$b=4$

4 答 (1) **A (−6, 9)**　(2) **$a=\dfrac{1}{4}$**
(3) **12 cm²**

考え方

(2) 関数 $y=ax^2$ のグラフが点A (−6, 9) を通るから，
$9=a\times(-6)^2$，$a=\dfrac{1}{4}$

(3) 直線ABと y 軸との交点をCとすると，C (0, 3) だから，
$\triangle AOB=\triangle AOC+\triangle BOC$
$=\dfrac{1}{2}\times 3\times 6+\dfrac{1}{2}\times 3\times 2$
$=12$ (cm²)

59 いろいろな関数 P.120-121

1 答 ア，ウ

考え方
　xの値を1つ決めると，それに対応するyの値がただ1つに決まるとき，yはxの関数であるという。
イ…東京駅からx km離れた地点は無数にあり，気温は1つに決まらない。
エ…ひもの長さがわかっていても，できる長方形の縦と横の長さがわからないから，面積は1つに決まらない。
オ…同じ身長x cmの人でも体重は異なる場合がある。したがって，体重は1つに決まらない。

2 答 (1) いえる

(2)

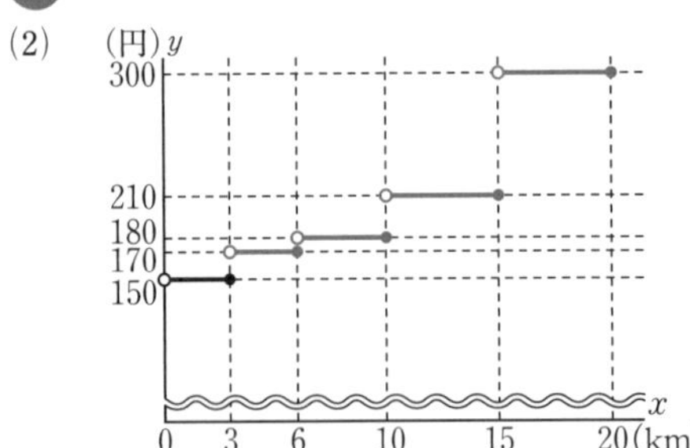

考え方
(2) $0<x\leqq3$ のとき $y=150$
　$3<x\leqq6$ のとき $y=170$
　$6<x\leqq10$ のとき $y=180$
　$10<x\leqq15$ のとき $y=210$
　$15<x\leqq20$ のとき $y=300$
グラフは階段状になる。
　グラフ中の「●」はその値をふくみ，「○」はその値をふくまないことを表す。

3 答

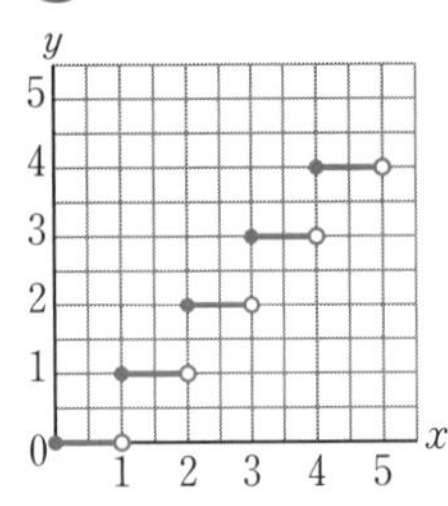

4 答

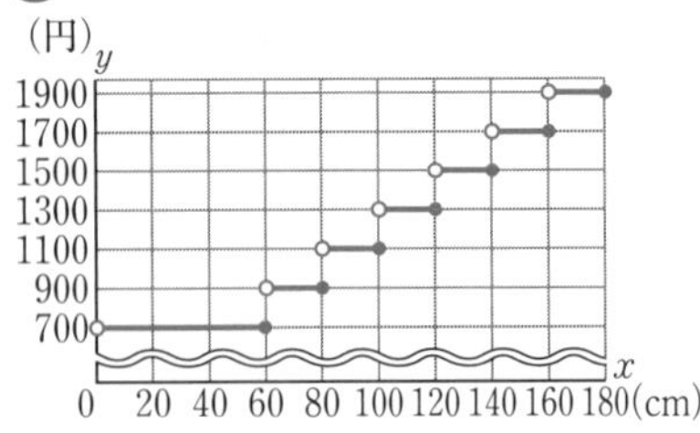

5 答

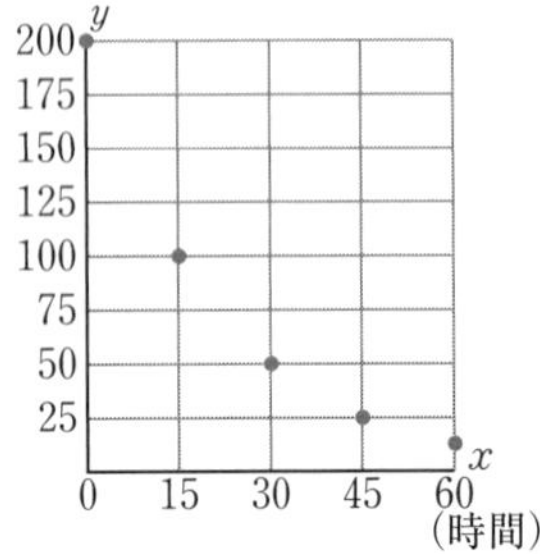

60 関数のまとめ P.122-123

1 答 (1) $y=4.9x^2$ (2) $y=3x^2$

(3) $a=\frac{1}{3}$

考え方
(1) $y=ax^2$ に $x=3$，$y=44.1$ を代入すると，
　$44.1=a\times3^2$，$a=4.9$
(3) $x=2$ のとき $y=4a$
　$x=4$ のとき $y=16a$
であるから，
　$\frac{16a-4a}{4-2}=2$ より，$a=\frac{1}{3}$

2 答 (1) $y=x^2$ (2) $y=\frac{1}{4}x^2$

(3) $y=-\frac{1}{2}x^2$ (4) $0\leqq y\leqq\frac{9}{4}$

(5) $-8\leqq y\leqq0$

考え方
(1)〜(3) $y=ax^2$ とおいて，グラフの通る点の座標よりaの値を求める。
(2) グラフが点(4，4)を通るから，
　$4=a\times4^2$，$a=\frac{1}{4}$
(5) xの変域に0をふくむ。
　$x=-4$ のとき最小値 -8
　$x=0$ のとき最大値 0
をとるから，$-8\leqq y\leqq0$

3 答 (1) A$(-1,\ 1)$
(2) B$(3,\ 9)$　(3) $y=2x+3$
(4) C$\left(-\frac{3}{2},\ 0\right)$　(5) $\frac{27}{4}$cm^2

考え方
(3) 2点A$(-1,\ 1)$，B$(3,\ 9)$を通る直線の式を$y=ax+b$とする。
$\begin{cases}1=-a+b\\9=3a+b\end{cases}$ を解くと，
$a=2,\ b=3$
(4) Cはx軸上の点だから，
$y=2x+3$で，$y=0$とすると，
$0=2x+3$
(5) $\triangle BCO=\frac{1}{2}\times\frac{3}{2}\times9=\frac{27}{4}(\mathrm{cm}^2)$

4 答

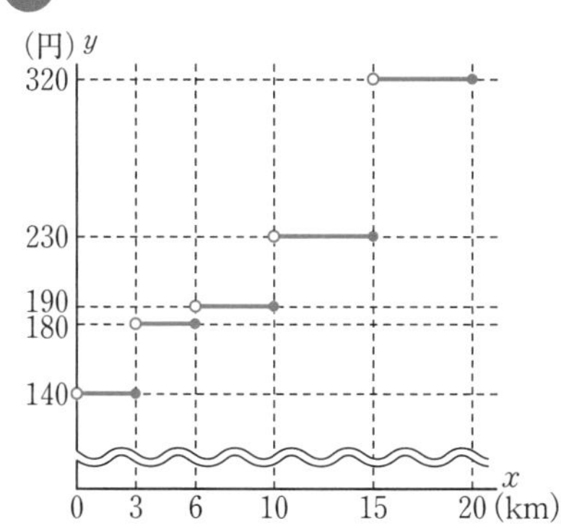

考え方
$0<x\leqq3$ のとき $y=140$
$3<x\leqq6$ のとき $y=180$
$6<x\leqq10$ のとき $y=190$
$10<x\leqq15$ のとき $y=230$
$15<x\leqq20$ のとき $y=320$

61 中学計算・関数の復習① P.124-125

1 答 (1) $27a^2-5a-8$　(2) $2a+4$
(3) $4\sqrt{3}$　(4) $2\sqrt{5}$

考え方
(3) 与式$=6\sqrt{3}+6\sqrt{3}-8\sqrt{3}=4\sqrt{3}$
(4) 与式$=\frac{3\sqrt{5}}{2}-2\sqrt{5}+\frac{5\sqrt{5}}{2}$
$=2\sqrt{5}$

2 答 (1) $x^2+14x+49$
(2) $x^2-13x+36$
(3) $x^2+6xy-12y^2$

考え方
(3) 与式
$=-3(x^2-2xy+y^2)+4\left(x^2-\frac{9}{4}y^2\right)$
$=x^2+6xy-12y^2$

3 答 (1) $(x-5)(x+7)$
(2) $(x+7y)(x-7y)$
(3) $5(x-3)^2$
(4) $xy(2x+5y)(2x-5y)$

考え方
(3) 与式$=5(x^2-6x+9)$
$=5(x-3)^2$
(4) 与式$=xy(4x^2-25y^2)$
$=xy(2x+5y)(2x-5y)$

4 答 (1) $x=-2$　(2) $x=8$
(3) $x=-1$　(4) $x=3$

考え方
(3) 両辺に10をかけて整理すると，
$36x-24=24x-36$
$12x=-12$
$x=-1$
(4) 両辺に12をかけて整理すると，
$36-15-3x=4x$
$-7x=-21$
$x=3$

5 答 (1) $x=4$　(2) $x=14$

考え方
(2) $(x+2)\times5=10\times8$ より，
$5x+10=80$
$5x=70$
$x=14$

6 答 (1) $x=1,\ y=1$
(2) $x=3,\ y=4$

考え方
(2) 上の式を①，下の式を②とおく。
①×3 より，$6x-y=14$ …③
③×2+② より，$13x=39$
$x=3$
$x=3$ を③に代入すると，
$18-y=14,\ y=4$

7 答 缶ジュース…92本
ペットボトルのお茶…34本

考え方

缶ジュースがx本，ペットボトルのお茶がy本売れたとすると，

$$\begin{cases} 120x+150y=16140 & \cdots① \\ x=2y+24 & \cdots② \end{cases}$$

②を①に代入すると，

$120(2y+24)+150y=16140$

$390y=13260$

$y=34$

$y=34$ を②に代入すると，

$x=68+24=92$

62 中学計算・関数の復習② P.126-127

1 答 (1) $y=4x+2$　(2) $90x<800$
(3) $y=-3x+3$　(4) $y=\frac{2}{3}x^2$

考え方

(2) 90円の鉛筆x本の代金は$90x$円で，これが800円より安いということだから，$90x<800$

(3) 求める1次関数の式を $y=ax+b$ として，この式に $x=2$，$y=-3$ および$x=4$，$y=-9$を代入すると，

$$\begin{cases} -3=2a+b & \cdots① \\ -9=4a+b & \cdots② \end{cases}$$

①−② より，$-2a=6$，$a=-3$

$a=-3$ を①に代入すると，

$-3=-6+b$，$b=3$

よって，$y=-3x+3$

2 答 (1) 右の図
(2) $\frac{5}{2}$
(3) $0\leqq y\leqq 8$

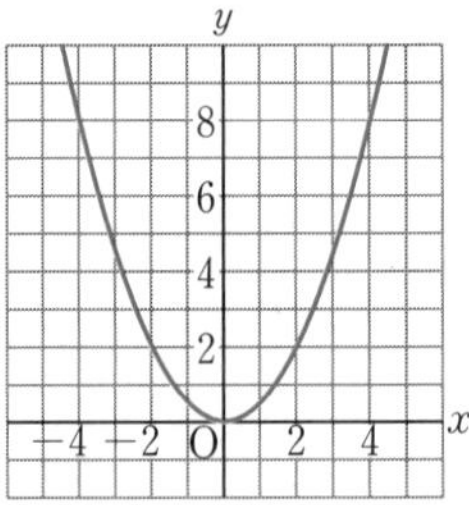

考え方

(2) $x=1$ のとき $y=\frac{1}{2}$

$x=4$ のとき $y=8$ であるから，

変化の割合は，

$\left(8-\frac{1}{2}\right)\div(4-1)=\frac{5}{2}$

3 答 (1) $x=-4$，-9　(2) $x=\pm\frac{3\sqrt{6}}{4}$
(3) $x=-\frac{2}{3}$，$-\frac{8}{3}$　(4) $x=\frac{2\pm\sqrt{14}}{2}$

考え方

(2) $-24x^2=-81$ より，$x^2=\frac{27}{8}$

$x=\pm\frac{3\sqrt{3}}{2\sqrt{2}}=\pm\frac{3\sqrt{6}}{4}$

(4) $x=\frac{-(-4)\pm\sqrt{(-4)^2-4\times2\times(-5)}}{2\times2}$

$=\frac{4\pm2\sqrt{14}}{4}=\frac{2\pm\sqrt{14}}{2}$

4 答 6，8，10

考え方

もっとも小さい正の偶数をxとすると，真ん中の数ともっとも大きい数は，$x+2$，$x+4$ と表されるから，

$x(x+4)=7(x+2)+4$

$x^2-3x-18=0$，$(x+3)(x-6)=0$

$x=-3$，6

xは正の偶数だから，$x=6$

5 答 (1) A$(-2,\ 4)$，B$(3,\ 9)$
(2) 15 cm²

考え方

(1) $\begin{cases} y=x^2 & \cdots① \\ y=x+6 & \cdots② \end{cases}$

①を②に代入すると，

$x^2=x+6$，$x^2-x-6=0$

$(x+2)(x-3)=0$，$x=-2$，3

よって，A$(-2,\ 4)$，B$(3,\ 9)$

(2) 直線ABとy軸の交点をCとすると，C$(0,\ 6)$であるから，

△OAB＝△OAC＋△OBC

$=\frac{1}{2}\times6\times2+\frac{1}{2}\times6\times3$

$=15(\text{cm}^2)$

2401R5